오후 4시, 홍차에 빠지다

오후 4시, 홍차에 빠지다

지은이 이유진
펴낸이 임상진
펴낸곳 (주)넥서스

초판 1쇄 발행 2011년 1월 5일
초판 10쇄 발행 2016년 8월 5일

2판 1쇄 발행 2017년 7월 10일
2판 2쇄 발행 2017년 7월 15일

출판신고 1992년 4월 3일 제311-2002-2호
10880 경기도 파주시 지목로 5
Tel (02)330-5500 Fax (02)330-5555

ISBN 979-11-6165-050-0 13590

가격은 뒤표지에 있습니다.
잘못 만들어진 책은 구입처에서 바꾸어 드립니다.

www.nexusbook.com
넥서스BOOKS는 넥서스의 실용 전문 브랜드입니다.

찻잎 고르는 법부터 골든 룰,
홍차 레시피와 다구 사용법까지

오후 4시,
홍차에 빠지다

포도맘 이유진 지음

넥서스BOOKS

홍차를 즐기는 최고의 골든 룰

누구나 마음만 먹으면 책을 쓸 수 있다고 하지만 작년 이맘때쯤 출판 제안이 들어왔을 때는
왠지 멍해진 기분이었다. 당시에는 파워블로그라는 타이틀도, 공식적으로 내세울 만한 것
도 없었던 나에게 그런 제안은 희열이자 동시에 부담으로 다가왔다. 용기를 내어 첫발을 뗼
수 있었던 건, 알게 모르게 혼자서 느껴 왔던 홍차 문화 전도에의 의무감과 늘 따스한 눈빛
과 응원의 메시지로 날 격려해 주었던 블로그의 수많은 이웃 덕분이다.

　2007년, 홍차를 제.대.로. 만난 후 홍차와의 사랑에 빠진 나는 이제 홍차뿐만 아니라 모든
차의 매력에 빠져 매일같이 차와 깊고 진한 입맞춤을 나누고 있다. 그리고 그 속에서 삶의
여유와 진정한 내 모습을 찾아가는 나를 발견한다. 처음 블로그에 열중했던 이유도, 이 책을
시작하게 된 이유도 단 한 가지다. 내가 그랬듯이 홍차에 무지한 사람들이 간단하고 쉬운 골
든 룰을 알고 홍차의 신비로운 매력에 눈을 떠 새로운 기쁨과 행복을 느꼈으면 좋겠다는 바
람이다.

　나는 홍차를 통해 나만의 작은 탈출구를 갖게 되었다. 블로그에 올라온 사진과 글만 보고 참
여유롭고 우아하게 산다고 말하는 사람이 많지만 실상은 여느 누구와 다르지 않다. 아침에 헐
레벌떡 아이를 어린이집에 맡기고 오후에 데리고 오는 순간까지 매일이 마감인 영상번역에 매
달리고, 아이와 놀아주다 보면 어느 새 저녁 시간, 저녁을 차리고 먹고 치우고 또 놀아 주고…….
주말부부도 아닌데 남편은 매일 새벽같이 나가 해가 떨어지고도 한참 후에나 들어온다.

　홍차, 녹차, 허브차 모두 좋다. 혹은 커피도, 바느질도, 운동도, 책도, 뭐든 상관없다. 이처
럼 빡빡하고 빠르게 돌아가는 세상 속에서 잠시 멈출 수 있는 여유를 챙긴다는 건 생각처럼
쉽지 않다. 여유가 필요하지만 그런 시간도, 공간도 어디서 찾아야 할지 모르겠다는 사람들
에게 아침 10분의 티타임을 제안하고 싶다. 제대로 우린 한 잔의 홍차, 그리고 매일을 새롭

게 해 주는 수백, 수천 가지의 다양한 홍차를 알게 된다면 그 누구도 홍차에 빠지지 않고서는 못 배길 것이다.

바쁘다는 핑계로 잘 챙겨 주지 못하는 남편에게는 늘 고맙고 미안한 마음뿐이다. 우리 남편만큼 아내를 지지하고 인정해 주는 남자도 없으리라. 이런 반쪽을 만난 건 내 평생의 행운, 아니 행복이다. 다음으로 이제 제법 엄마와의 티타임을 즐기는 사랑스러운 딸 기연이에게 고마운 마음을 전하고 싶다. 나중에 이 책을 보고 엄마를 자랑스러워했으면 좋겠다. 그때까지도 빛이 바래지 않는 그런 책이 되길 바라며 온 마음을 쏟아부었다.

생각하면 마음이 짠해지면서 힘이 솟는 우리 엄마와 든든한 내 동생, 그리고 한순간도 빠짐없이 나를 지켜봐 주고 계실 우리 아빠, 이 세상 그 누구보다도 사랑한다. 며느리가 정신없이 바쁘게 지내도 대단하다고 격려해 주시고 하나라도 더 도와주려고 애쓰시는 시부모님께도 항상 감사한 마음을 갖고 있다.

내 책이 나오면 꼭 감사 인사를 하고 싶은 사람들이 있다. 우리 4인방 미령이, 혜선이, 미니 그리고 언제나 내 편인 미연이와 규진이, 진심으로 다져진 만남 정아, 친언니 같은 양희 언니, 예쁜 동생 은아와 은가비, 오랜만에 봐도 어제 본 것 같은 초딩 친구들 보연이, 숙현이, 정선이, 누가 친구고 누가 친구 남편인지 술로 다져진 우정 민숙이네, 화실이네 부부, 부산 베프 영순이와 설아 씨……. 일일이 다 나열할 수 없지만 생각해 보니 고맙고 감사한 사람이 많다.

마지막으로 출판 제안을 해 준 넥서스와 내 블로그인 '홍차에 빠지다'를 찾아 주는 모든 이웃님에게 감사드린다. 아무쪼록 한 명이라도 더 많은 사람이 홍차의 마법에 빠져들기를 바란다.

이 유 진

Contents

Bonjour!

세 번째 홍차,

일상의 공간을 차지하다

네 번째 홍차,

작은 행복을 나누다

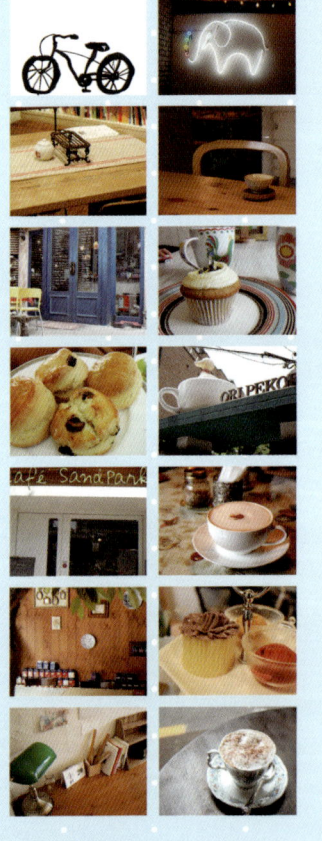

다섯 번째 홍차,

행복한 여행을 떠나다

여섯 번째 홍차,

특별한 티타임을 즐기다

홍차란?

녹차, 백차, 황차, 홍차, 청차우롱차, 흑차대표적으로 보이차는 모두 카멜리아 시넨
시스Camellia sinensis라는 차나무의 잎으로 만드는 차다. 녹차와 홍차가
각각 다른 잎으로 만든 것이 아니라 전부 똑같은 찻잎으로 만든다는 걸 기억
하라. 단, 발효 정도나 제다 과정 등에 따라 차의 종류가 달라질 뿐이다. 크게
녹차와 홍차를 비교해 보면 다음과 같다.

　　녹차: 채엽 → 살청 → 유념 → 건조 (불발효차)
　　홍차: 채엽 → 위조 → 유념 → 산화·발효 → 건조 (발효차)

녹차는 살청이라는 과정을 통해 찻잎의 산화·발효를 막기 때문에 찻잎이 녹
색을 띠며 홍차는 살청을 하지 않고 찻잎을 산화·발효시키는 과정이 있기
때문에 찻잎이 갈색 혹은 검은색으로 변한다. 발효 과정을 통해 찻잎의 색이
변할 뿐만 아니라 맛과 향도 달라진다. 우리나라에서는 우려낸 수색이 홍색
이어서 홍차라 부르고 외국에서는 찻잎 색이 검다고 해서 'black tea'라고 부
른다.

홍차
미리 알기

홍차의 분류

찻잎의 배합에 따라

스트레이트 티(straight tea): 인도의 다즐링, 아쌈, 우바, 닐기리, 중국의 기문 등 한 원산지의 찻잎으로만 이루어진 차

블렌디드 티(blended tea): 주로 인도의 아쌈에 실론스리랑카의 차 등을 섞어서 만드는 잉글리시 브렉퍼스트와 같이 서로 다른 원산지의 찻잎을 섞어서 만든 차

플레이버리 티(flavory tea)/플레이버드 티(flavoured tea): 얼 그레이 등 찻잎에 인공적인 향이나 과일 조각, 꽃잎 등을 가미한 차. 우리나라에서는 가향차라고 한다. 사과, 파인애플, 딸기, 바나나와 같은 과일향부터 시작해서 초콜릿, 캐러멜, 위스키 향 등 그 종류가 무궁무진하다. 향이 맛있고 재미있으며 찻잎에 꽃잎이나 과일 조각, 아라잔 등이 첨가되어 화려하기 때문에 차에 관심을 갖는 계기가 될 수 있다.

우려내는 방식에 따라

스트레이트 티(straight tea): 차 외에 다른 것을 첨가하지 않고 마시는 차

바리에이션 티(variation tea): 차에 우유, 향신료, 과일, 허브 등을 첨가해서 마시는 차

홍차의 효능

차의 주성분으로 알려진 폴리페놀의 일종인 카테킨은 차의 맛과 향을 결정하는 중요한 성분일 뿐만 아니라 해독 작용, 살균 작용, 항암 작용, 항산화 작용, 콜레스테롤 억제 등의 효과가 있다. 이 밖에 카페인은 각성 작용과 이뇨 작용을, 아미노산의 일종인 데아닌은 카페인의 작용을 완만하게 억제시켜주며 충치를 예방하는 불소 성분과 비타민류, 무기질 등이 들어 있다. 또한 일주일에 한 번, 가족이나 친구, 혹은 홀로 여유로운 티타임을 갖게 되면 일주일의 스트레스가 풀리고 자기를 돌아볼 수 있는 시간을 정기적으로 가질 수 있기 때문에 정신적인 건강에 도움이 된다.

1

첫 번째 홍차,

나른한 시간을 채우다

나른한 시간, 혼자 마시는 홍차는

그 무엇과도 바꿀 수 없는 여유로움을 안겨 준다.

누구에게나 홀로 홍차 한 잔을 마실 수 있는

여유가 필요한 법.

평범한 일상에서 즐기는

향긋한 홍차 한 잔의 행복을 그려 낸다.

위타드의 피치,
첫 홍차의 아련함

 # 01

하루 일과를 시작하기 전, 자연스럽게 물을 끓이고 티백을 하나 꺼내 든다. 그러다 멈칫, 티백 옆에 놓여 있는 짙은 푸른색의 틴tin.틍이 눈에 들어온다. 바로 위타드 오브 첼시Whittard of Chelsea의 피치peach다. 마침 일도 여유로워 오랜만에 티백 대신 잎차로 시작하고 싶어진다. 티백을 내려놓고 틴 뚜껑을 열자 달콤한 복숭아 향기가 퍼져 나온다. 사랑스러운 복숭아 향이 잘 어울리는 아침이다. 위타드 오브 첼시는 영국의 정통 홍차 브랜드이며, 위타드 오브 첼시의 피치는 복숭아 가향加香 홍차 중에서도 단연 으뜸으로 손꼽히는 동시에 나에게는 첫사랑과도 같은 아련함을 안겨 준다.

내가 홍차에 본격적으로 빠지기 시작한 것은 3년 전부터다. 당시 남편 직장의 갑작스러운 부산 발령으로 급히 이사를 가게 되었는데 임신 8개월째였다. 배는 불러 출산 시기가 다가오고, 한창 예민해져 말동무가 절실히 필요했다. 그때 '홍차'는 나를 차분하게 만드는 친구이자 따뜻함으로 다가왔다.

정확히 3분.
홍차는 찻잎과 티백의 종류에 따라 우리는 시간이 다른데, 위타드의 피치는 3분이 적당하다.

창가의 티타임 전용 테이블에 앉아 따뜻한 햇살을 즐기며 향긋한 홍차에 빠져 든다. 찻잎에 향을 첨가한 홍차를 가향 홍차라고 하는데 흔히 볼 수 있는 복숭아 향 외에 초콜릿향, 캐러멜향, 심지어 와인과 위스키 향도 있다.

오늘의 아침차로 선택된 위타드의 피치는 홍차에 무지한 내가 제대로 만난 첫 홍차다. 주문한 틴을 개봉하는 순간 풍겨 오던 복숭아 향이 아련하게 떠오른다. 홍차를 제대로 우리는 방법은 여러 가지가 있으나 기본적으로 물을 팔팔 끓여 예열해 둔 티포트에 적당량의 찻잎을 넣고 물을 붓는다. 3분이라는 시간을 정확히 지켜 찻잎을 걸러 내고 역시 예열해 둔 잔에 홍차를 따른다. 달콤하고 향긋한 복숭아 향기가 코끝을 간질이고 한 모금 마시는 순간 눈이 반짝 뜨였다. 지금까지 알던 맛이 아니었다. 적당히 쌉싸름하면서 부드러운 목 넘김과 달콤한 복숭아 향이 한데 어우러져 기가 막힌 하모니를 선사해 주었다. 지금까지 '쓰다'로 일관되어 왔던 홍차에 대한 모든 편견을 버리게 해 준 순간이었다.

그 뒤로도 나는 일명 홍차의 '골든 룰'이라는 법칙을 지켜 매번 최고의 맛과 향을 음미할 수 있었다. 한 잔의 차를 앞에 두고 여유롭게 즐기는 나만의 티타임은 행복과 여유로움 그 자체다. 그것만으로도 홍차를 마셔야 하는 이유는 충분하지 않을까?

하루 30분, 한 잔의 홍차로
누구나 자신의 삶에서 잠깐의 여유를 누릴 수 있을 것이다.

홍차는 각 브랜드마다 톡톡한 색과 문양의 틴이 있으며
홍차 마니아라면 틴을 모으는 재미도 쏠쏠하다.

색과 향이 은은해서 나른한 오후의 여유를 즐기기에 제격이다.

홍차의 골든 룰,
편견 버리기

대부분의 사람이 홍차는 쓰다는 편견을 가지고 있다. 나와 아주 친한 후배 K양도 마찬가지였다. 홍차를 좋아하느냐는 나의 질문에 홍차는 너무 써서 싫다는 흔한 대답이 돌아왔다. 음악이면 음악, 커피면 커피, 와인이면 와인, 음식이면 음식…… 나와 많은 것을 공유하는 그녀를 홍차에 빠지게 만들 요량으로 우선 몇 가지 홍차와 허브차를 골라 맛있게 우리는 법을 적어 상자에 담았다.

며칠 뒤 상자를 전해 받은 그녀에게서 연락이 왔다. "언니, 언니가 말한 대로 했더니 홍차가 너무 맛있어!" 감탄 섞인 K양의 목소리를 들으니 어깨가 절로 으쓱해졌다. 그 뒤로 그녀는 아침마다 내가 정성껏 골라 준 차들을 '제.대.로.' 우려 마시고 보고를 했다. 지금도 K양이 우리 집에 놀러 오면 늘 티백을 한 움큼 안겨 준다. 이제는 그녀도 홍차와 녹차, 백차, 허브차의 맛을 제법 구분할 줄 알게 되었다.

잠깐 차에 대해 설명하자면 흔히 마시는 녹차와 홍차는 모두 같은 차나무에서 만들어지지만 발효 정도와 제다(製茶) 방법 등에 따라 녹차, 우롱차, 홍차 등으로 나뉜다. 간단히 설명해서 우리나라에서 가장 흔히 볼 수 있는 녹차는 찻잎을 전혀 발효시키지 않은 불(不)발효차, 홍차는 완전히 발효시킨 발효차, 우롱차는 그 사이의 반(半)발효차다. 요즘 다이어트에 좋다고 해서 인기를 끌고 있는 백차는 어린 싹을 약간 발효시킨 것을 말한다. 카페인이 없어서 임신 중에도 종종 즐겼던 캐모마일이나 민트와 같은 허브차는 꽃잎, 씨앗, 뿌리 등을 건조시켜 만든 것이다.

1 섬세한 향긋함이 입안을 감도는 상달프(St. Dalfour)의 오가닉 퓨어 다즐링
(Organic Pure Darjeeling Tea) 2 깔끔하고 순한 향과 맛이 일품인 믈레즈나
(Mlensna)의 오렌지 페코(Orange Pekoe) 3 부드럽고 진한 캐러멜향이 매
력적인 해로즈(Harrods)의 캐러멜(caramel)

우리나라 사람들은 컵에 디백을 담가 놓고 마시기를 좋아한다. 녹차에서 홍차, 허브차까지 뭐든 말이나. 또 녹차를 오래 담가 두어 쓸쓸함이 묻어 나면 습관적으로 물을 더해 마신다. 하지만 이런 습관대로 차를 마실 때 녹차와 허브차의 경우에는 그마나 맛에 크게 영향을 미치지 않지만 홍차의 경우에는 쥐약과도 같다. 특히 홍차는 우리나라 사람의 입맛과 습관에 맞추어 만들어진 것이 아니라 대부분 외국에서 수입해 와서 더욱 그렇다.

자, 이제 간단하지만 따라하면 최상의 맛을 볼 수 있는 홍차 티백 우리기의 방법에 대해 소개한다. 일명 홍차의 '골든 룰'이라고 불리는 방법이다. 마트에서 흔히 만날 수 있는 립톤Lipton의 노란색 티백Yellow Label Tea이나 트와이닝스Twinings의 티백을 준비하자. 우선 홍차는 온도와 우리는 시간에 굉장히 민감한 녀석이란 걸 기억해야 한다. 팔팔 끓인 물을 머그컵에 붓기 전에 머그컵을 뜨거운 물로 한 번 헹궈 물의 온도가 급작스럽게 떨어지는 것을 막아 준다. 일반 티백의 경우 빨리 진하게 우러나도록 찻잎이 잘게 잘린 상태로 들어 있어서 티백을 넣고 물을 부으면 떫은 성분이 과하게 추출된다. 따라서 뜨거운 물을 먼저 붓고 티백을 살짝 옆으로 넣어야 떫은 맛을 덜 수 있다.

대부분의 홍차 티백 뒷면에는 3분을 우리라고 적혀 있다. 하지만 우리나라의 물은 유럽보다 경도硬度: 물속에 칼슘, 마그네슘 등 광물질이 함유되어 있는 정도가 낮아 차가 빨리 우러나기 때문에 1~2분이 적당하다. 진한 것을 좋아하면 2분, 연한 것을 좋아하면 1분 정도가 좋다. 우리는 동안 향이 날아가지 않게 머그컵 뚜껑이나 접시 등으로 덮어 둔다. 잊지 말고 2분이 지나기 전에 티백을 꺼내라.

복잡해 보일 수도 있지만 티백보다 물을 먼저 넣기, 2분만 우리고 티백 건져 내기, 이 두 가지만 실천해도 색다른 홍차 맛을 즐길 수 있다. 머그컵에 티백을 던져 넣고 정수기 물을 인정사정없이 부어 마시는 촌스러운 방법과는 작별하라. 단, 홍차와 달리 허브차나 과일차의 경우 우러나는 데 시간이 걸리기 때문에 티백에 적혀 있는 대로 5~8분 정도 우리면 된다.

이렇게 간단하지만 중요한 홍차의 골든 룰을 널리 알려 주면서 나는 주변의 많은 사람을 신세계로 인도했다. 사람들의 반응은 한결같다. 처음에는 "홍차는 써서 싫어." 하고 말하던 사람이 나의 설명을 들은 후에는 "홍차, 정말 맛있다!"로 변한다. 홍차에 대한 편견을 버리게 되었다며 쪽지를 보내 감사 인사를 전하는 사람들을 보면 참 뿌듯하다. 얼굴도 모르는 사람이 내 글을 통해 홍차를 제대로 우리는 법을 배우고 또 홍차에 빠지게 되었다는 사실이 자꾸만 의욕을 불태우게 만든다.

스스로 무슨 홍차 전도사라도 된 것 같지만, 쓰디 쓴 티백 하나가 두 눈이 동그래지는 새로운 세상으로 변한다면 얼마나 행복할까. 덩달아 홍차 문화가 널리 퍼진다면 좀 더 많은 사람이 다양한 홍차의 세계를 만날 수 있지 않을까 싶다.

Tea Recipes 01

달콤한 홍차 시럽

홍차 시럽은 아이스티에 시럽 대신 이용해도 좋고 얼음에 물과 함께 타서 아이스티처럼 마셔도 좋다.
혹은 찬 우유에 타서 마시면 간단하게 달콤하고 시원한 아이스 밀크티가 완성된다.
만들기는 간단하지만 활용도는 높은 홍차 시럽을 만들어 보자.

준비하기 4g짜리 티백 5개(혹은 찻잎 20g), 물 500ml, 설탕 500g

만들기

1. 아쌈이나 요크셔 골드, 바리스의 골드 블렌드 등 진한 홍차를 준비한다. 얼 그레이처럼 진한 향이 들어간 홍차도 좋다. 찻잎은 건져 내기 좋게 다시백에 넣어 준비한다.

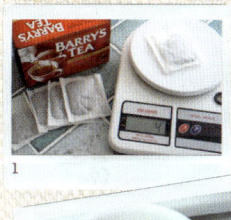

2. 냄비에 물을 팔팔 끓인 후 티백 5개를 넣고 약한 불에서 3분 정도 우린다.

3. 티백을 건져 내고 준비한 분량의 설탕을 넣은 후 약한 불에서 10분 정도 녹인다. 이때 심하게 저으면 결정체가 생길 수 있으니 그대로 두는 게 좋다. 농도를 진하게 하고 싶으면 20~30분 정도 졸이면 된다.

4. 끓는 물에 소독한 유리병에 담아 냉장 보관한다.

03

마리아쥬아침차,
아침의 친구

처음 홍차를 마시기 시작했을 때 로망의 브랜드가 하나 있었다. 고급스러운 블랙 틴에 황금색으로 문양이 그려진 프랑스 태생의 마리아쥬 프레르Mariage Frères였다. 프랑스라는 이름은 왠지 모르게 막연한 동경을 불러일으킨다. 예전에 유럽 여행 중 만난 파리의 하늘이 아직까지도 가슴 두근거리는 추억으로 남아 있다. 아련한 기억 속 프랑스와 홍차가 만났을 때의 감흥이란 이루 말할 수조차 없다. 홍차에 막 입문한 초보자에게 황금색과 검은색이 물결치는 고고한 모습의 프랑스 홍차는 감히 범접할 수 없는 카리스마까지 느껴진다. 이제는 마리아쥬를 거의 매일 만나다시피 하고 있지만 그만의 카리스마와 포스는 여전하다.

홍차에는 아침을 위한 차, 브렉퍼스트Breakfast라는 차가 있다. 종류도 다양해 흔히 볼 수 있는 잉글리시 브렉퍼스트English Breakfast 외에 아이리시 브렉퍼스트Irish Breakfast, 스코티시 브렉퍼스트Scotish Breakfast, 프렌치 브렉퍼스트French Breakfast 등이 있다. 이 중에서 특히 마리아쥬 프레르의 아침차 시리즈를 추천한다.

마리아쥬 프레르의 아침차는 아메리칸 브렉퍼스트American Breakfast, 프렌치 브렉퍼스트French Breakfast, 러시안 브렉퍼스트Russian Breakfast, 상하이 브렉퍼스트Shanghai Breakfast, 잉글리시 브렉퍼스트English Breakfast가 있다. 각각 개성적인 맛과 향이 있어 그날의 기분이나 날씨에 따라 골라 마시는 재미가 있다.

하늘이 맑아 상쾌한 기분이 드는 날은 아메리칸 브렉퍼스트를 우려 보자. 이 차는 캐러멜과 초콜릿향이 은은하게 묻어 나는 맨해튼의 아침을 만날 수 있다는 소개 글에도 불구하고 웬지 모르게 헤이즐넛 커피 향이 나는 것 같다. 한 잔의 홍차로 햇살 가득한 맨해튼의 대로에 앉아 커피를 즐기는 여유를 만끽할 수 있다.

문득 떠나고 싶은 날에는 프렌치 브렉퍼스트를 우린다. 달콤하고 진한 초콜릿향에 흠뻑 빠져 보자. 마리아쥬의 프렌치 브렉퍼스트는 여느 초콜릿 가향차들과 달리 지나치거나 모자람이 없다. 코를 간질이는 매혹적인 초콜릿향은 한 잔을 모두 비운 후에도 오래도록 여운을 남긴다. 이것처럼 은은하면서 세련되고, 고급스러운 홍차가 또 있을까?

흐리고 비가 내리는 날은 러시안 브렉퍼스트를 우린다. 이 차는 인도엽에 시트러스 향이 더해져 강하면서도 상쾌한 느낌이 난다. 러시아라는 이름은 웬지 모르게 안개가 자욱한 거리를 연상시켜 창밖의 잿빛 하늘을 바라보며 마시다 보면 알 수 없는 진한 향수를 불러일으킨다.

색다르면서 깔끔한 차가 필요한 날에는 상하이 브렉퍼스트를 우린다. 우롱에 하얀 재스민 꽃 봉오리들이 들어 있는 이 차는 눈으로만 봐도 금세 매료된다. 달콤한 듯 향긋한 재스민에 생강과 아니스, 향신료가 더해져 흔히 상상하게 되는 상하이의 모습을 그대로 담아낸 듯하다.

언제 어느 때나 편안히 마실 수 있는 것이 바로 잉글리시 브렉퍼스트며 어떤 브랜드든 밀크티로 잘 어울린다. 차를 진하게 우려낸 후 따끈하게 데운 우유를 붓고 감칠맛을 더하기 위해 설탕 1티스푼을 넣는다. 달콤향긋한 밀크티에 바삭한 토스트를 곁들이면 든든한 아침이 된다.

마리아쥬의 브렉퍼스트 시리즈는 아침마다 미국, 프랑스, 러시아, 상하이, 영국으로 떠나게 해 준다. 짧지만 행복한 여행을 마치고 돌아오면 하루를 힘차게 시작할 수 있는 에너지가 온몸에 가득하다. 한 잔의 차로 수많은 상상력과 감흥을 일으킬 수 있다는 사실이 놀랍기도 하면서 한편으로는 이래서 매일같이 반복되는 티타임이 질리지 않는 것 같다.

맨해튼의 햇살과 여유를 즐기고 싶다면 아메리칸 브렉퍼스트를 마셔 보자.

셀레셜 시즈닝즈, 허브차 즐기기

 # 04

홍차를 좋아하기 이전에도 커피나 차를 무척 좋아했다. 티백으로 된 설록차나 둥굴레차 외에도 다양한 허브차나 재스민차를 구비해 마셨다. 허브차에 특히 빠지게 된 건 스페인에서 어학 연수를 할 때였다. 한집에 살던 하비에르는 늘 모카포트에 커피를 끓여 마셨고 당시 모카포트를 처음 접한 나는 한국에 돌아갈 때 꼭 모카포트를 하나 챙겨서 돌아가겠다고 굳게 다짐하곤 했다. 에바는 만사니야Manzanilla라는 차를 홀짝거리며 마시곤 했다. 에바 덕분에 나도 만사니야 차에 빠지게 되었고 마트에 가면 늘 티백 박스를 두세 개씩 집어 왔다. 나중에 알게 된 사실인데 만사니야는 바로 캐모마일이라는 허브차의 스페인어였다. 캐모마일은 사과향이 도는 허브로 국화과에 속하며, 이집트어로 사과라는 뜻의 단어에서 유래했다고 한다. 몸을 따뜻하게 해 주고 위장에 좋다고 알려져 있다. 숙면에 도움이 된다고 해서 베드타임 티로 추천한다.

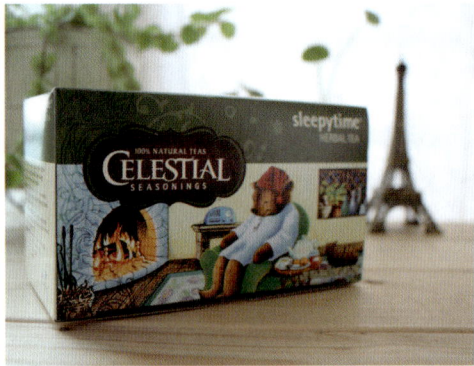

허브차의 신세계를 열어 준 셀레셜 시즈닝즈

캐모마일뿐만 아니라 페퍼민트 등의 허브차를 좋아하는 내게 홍차 외에 또 하나의 신세계가 펼쳐져 있었으니, 바로 셀레셜 시즈닝스Celestinl Seasonings라는 미국 브랜드의 허브차였다. 다양한 허브에 자연향을 가미해서 달콤한 쿠키 향이 도는 슈가 쿠키 슬레이 라이드Sugar Cookie Sleigh Ride, 잠자기 전에 마시면 마음이 편안해지는 슬리피 타임Sleepytime, 민트를 좋아하는 내가 늘 구비해 놓고 마시는 터미 민트Tummy Mint, 시원하게 마시면 갈증이 싹 가시는 탠저린 오렌지 징어Tangerine Orange Zinger 등 다양한 허브차를 선보인다. 자연을 위한 방침의 일환으로 티백을 한 개씩 개별 포장하는 대신 벌크 티백을 사용하는 친환경 브랜드이기도 하다. 맛뿐만 아니라 일러스트도 무척 아기자기하다. 셀레셜의 박스 일러스트는 하나씩 사모으고 싶은 충동을 일으킨다.

처음 셀레셜에 빠지게 된 건 바로 슈가 쿠키 슬레이 라이드라는 허브차 때문이었다. 썰매를 타고 있는 깜찍한 쿠키가 그려진 박스와 듣기만 해도 달콤할 것 같은 이름에 혹해서 구입했는데 바닐라와 쿠키, 버터 향이 가득해 환상적인 맛이었다. 티백 두 개를 진하게 우려 밀크티로 마셔도 좋다. 너무 신기하고 맛있어서 이런 허브차를 봤냐며 친구들에게 몇 개씩 나누어 주었는데 모두 흥분된 목소리로 전화를 걸어 온다. "진짜 맛있다, 어디서 샀어?"

셀레셜 시즈닝스의 허브차는 홍차에 비하면 가볍지만 홍차 못지않게 다양하다는 점에서 차를 처음 접하는 사람들에게 많이 권한다. 예쁜 일러스트에 한 번 반하고 신기하고 다양한 맛에 또 한 번 반하게 된다. 캐모마일이나 민트를 힘들어하는 사람도 다양한 향과 재료가 섞여 특유의 향이 많이 약해진 캐모마일과 민트는 의외로 좋아한다. 보드카를 어려워하는 사람도

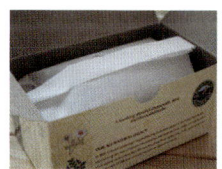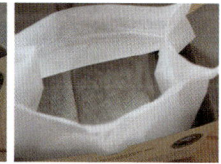

환경을 보호하기 위한 벌크 티백

보드카에 각종 음료수나 주스가 섞인 칵테일은 좀 더 쉽게 마실 수 있는 것과 같은 이치가 아닐까 싶다.

홍차에 푹 빠진 이후로 허브차를 마시는 횟수는 줄었지만 몇 가지 허브차는 아직도 늘 구비하고 있다. 카페인에는 무딘 편이라 밤에 커피를 사발로 들이켜도 쉽게 잠이 들지만 자기 전에 카페인을 섭취하면 신체적으로야 어떻든 뇌가 깊은 수면을 취하지 못한다고 한다. 숙면을 위해서 밤에는 카페인이 없는 허브차나 루이보스차를 마시는 것이 좋다. 홍차를 진하게 우리면 아직도 살짝 거부감을 느끼는 남편도 허브차라면 언제든지 부담 없이 즐긴다.

잎차부터 일반 티백, 샤세 티백, 모슬린 티백까지, 또 홍차부터 루이보스차, 허브차, 각종 중국차까지. 가끔 없는 것 빼곤 다 갖추고 있는 우리 집 홍찻장을 들여다보면서 혼자 마시기에 정말 아깝다는 생각을 한다. 누가 카페 하나 차려만 준다면 차 하나는 끝내주게 우려낼 자신이 있는데…… 언젠가 마리아쥬나 카렐, 로네펠트에 국한된 지금의 카페와 달리 무궁무진한 차를 즐길 수 있는 티 카페를 차리는 것이 내 소원이다. 대한민국에 살면서 카페 차리는 꿈 안 꿔 본 사람이 어디 있겠느냐만은 말이다.

찻잎 가려내기

찻잎의 등급

FOP(Flowery Orange Pekoe) 차나무 맨 위쪽에 갓 돋아난 새순

OP(Orange Pekoe) 끝에서 두 번째 잎

P(Pekoe) 끝에서 세 번째 잎

PS(Pekoe Souchong) 끝에서 네 번째 잎으로 페코와 소총 사이의 찻잎

S(Souchong) 가장 넓고 단단한 잎으로 찻잎으로 쓸 수 있는 마지막 단계의 찻잎

▶ FOP 중에서도 최상급

GFOP(Golden FOP) 가지 끝의 황금색 어린 잎

TGFOP(Tippy Golden FOP) 어린 싹으로 GFOP보다 한 단계 높은 등급

FTGFOP(Finest Tippy Golden FOP) FOP 중에서 가장 최상급

찻잎의 종류

OP(Orange Pekoe) Whole leaf로 찻잎을 자르지 않고 그대로 만든 홍차

BOP(Broken Orange Pekoe) Broken이라는 찻잎을 2~3mm 정도로 분쇄한 것

F(Fannings) 1mm 정도로 Broken 찻잎을 만들고 아래로 떨어지는 작은 잎

D(Dust) 패닝스보다 더 작은 분말 상태의 잎

*패닝스나 더스트 상태의 홍차는 일반 티백용으로 많이 사용한다.

CTC 찻잎을 부수고(Crush), 찢고(Tear), 말아서(Curl) 만든 홍차. 잎이 동글동글하게 말려 있으며 찻잎이 부스러지지 않고 이동과 보관에 용이하다.

레이디 그레이, 얼 그레이의 단짝

#05

'상큼하고 부담 없어서 초보가 즐기기에 좋은 홍차를 추천해 주세요.'

블로그를 통해서 가장 자주 받는 질문 중 하나다. 홍차를 막 시작한 입문자들은 다양한 홍차의 종류에 놀라면서 동시에 어떤 홍차를 마셔야 할지 막막해한다. 샘플러처럼 다양한 홍차를 조금씩 맛볼 수 있게 판매하는 온라인 숍도 있지만 대부분은 50~100g 정도의 많은 양을 판매하고 있고 티백 역시 20개 혹은 25개 들이로 판매해 자칫 아무 홍차나 골랐다가는 낭패를 보기 쉽다. 홍차의 가격도 만만찮기 때문에 두 배로 속이 쓰릴 것이다. 그래서 많은 사람이 홍차를 추천해 달라는 문의를 하는데, 세상에 너무나 다양한 홍차가 존재하듯 사람들의 입맛이 제각각이기 때문에 선뜻 추천하기가 쉽지만은 않다.

이럴 때 내 대답에 단골로 등장하는 것이 바로 트와이닝스Twinings의 레이디 그레이Lady Grey 다. 홍차를 잘 모르는 사람이라도 '얼 그레이'라는 말은 자주 들어봤을 것이다. 일명 화장품 냄새가 나는 홍차로 유명하며 찻잎에 베르가못이라는 향을 첨가했다. 그레이라는 백작의 이름에서 유래하였다. 특유의 향기를 처음 접하는 사람은 거부감을 느끼기도 하지만 익숙해지면 그 무엇과도 비교할 수 없이 매력적이다. 이런 얼 그레이와 단짝을 이루는 것이 바로 레이디 그레이다. 찻잎에 베르가못 향과 레몬필, 오렌지필을 더하고 푸른색의 틴처럼 파란 콘플라워까지 곁들인, 이름처럼 우아한 숙녀의 모습을 가지고 있다. 막연하게 홍차를 추천해 달라는 사람들에게 알려 주면 모두 마음에 들어 한다. 개인적으로도 매일 마시는 에브리데이 티Everyday Tea 목록에 적어 놓은, 굉장히 아끼는 차 중 하나다.

레이디 그레이는 하늘빛을 머금은 푸른색의 깔끔한 틴에서부터 매력이 뿜어져 나온다. 틴을 개봉하는 순간 달콤하고 향긋한 향기가 퍼져 나오고 찻잎에 흐드러지게 피어 있는 파란색의 콘플라워는 눈을 즐겁게 만든다. 한 입 머금는 순간 입안 가득 향긋함이 퍼지고 깔끔하고 개운한 청량감으로 마무리된다. 은은하고 부드러운 향과 맛이 매력적인 홍차다.

계속해서 갈증이 몰려드는 여름이 되면 레이디 그레이는 없어서는 안 될 필수품이 된다. 마트에 가면 흔히 볼 수 있는 다시백에 콘플라워가 가득한 레이디 그레이 두세 스푼을 푹 퍼서 담는다. 그 다음 1.5리터짜리 생수병에 넣고 하루 정도 냉장고에 두었다가 다시백은 꺼내서 버리고 얼음을 동동 띄워 마셔 보라. 레몬의 상큼함과 향긋한 꽃내음이 어우러져 온몸에 청량감을 채워 줄 것이다.

홍차의 매력 중 하나는 바로 우유를 곁들여 마시면 밀크티라는 새롭고 훌륭한 음료가 탄생한다는 점이다. 레이디 그레이는 이런 점에서도 최고 점수를 줄 만하다. 우유 때문에 느끼할 것 같다는 걱정은 접어 두라. 톡 쏘는 듯한 베르가못의 상큼함은 밀크티에서도 진가를 발휘한다. 물론 아이스 밀크티로 마셔도 손색이 없다.

레이디 그레이. 이름처럼 고상하면서도 결코 화려하지 않은, 하지만 세련되고 사랑스러운 이미지에 꼭 맞아 떨어지는 그런 차다. 핫티로나 아이스티, 밀크티로 마실 때마다 감탄사를 내뱉게 되는 이 차는 불변의 추천 홍차 1번으로 남을 것이다.

레이디 그레이는 맑고 청아한 맛과 향으로 오감을 자극한다.

잉글리시 브렉퍼스트와
회색빛 아침

 # 06

유달리 빨간색이 끌리는 날이 있다. 옷이나 신발, 가방 얘기가 아니다. 아침에 일어나 하늘을 보니 해가 쨍쨍 나지도 않고 그렇다고 비가 주룩주룩 내리지도 않는 애매한 날씨에는 이상하게 빨간색 티백에 손이 간다.

티백의 장점 중 하나는 색깔과 디자인이 다양해서 그날의 기분에 따라 마음에 드는 것을 골라 마실 수 있다는 것이다. 그런 점에서 하니 앤 손스Harney & Sons의 파스텔 티백은 다양한 선택의 폭을 자랑한다. 19종에 이르는 화사한 파스텔 톤의 티백을 나란히 꽂아 놓고 색깔과 맛을 구분하며 골라 마시는 재미가 쏠쏠하다.

춥지도 덥지도 않고, 햇살이라고는 전혀 보이지 않지만 그렇다고 시원하게 비가 내릴 것 같지도 않은 어느 날, 빨간색이 매력적인 하니 앤 손스의 잉글리시 브렉퍼스트 티백을 집어 들었다. 하니 앤 손스는 미국 브랜드로 마이클 하니Michael Harney가 자신의 이름을 따서 명명했다. '하니와 아들들'이라는 뜻의 이 브랜드는 홍차 애호가들 사이에서 흔히 '하니네'라고 불린다. 하니네 홍차들은 대체적으로 순하고 부드러워 누구나 부담 없이 즐길 수 있는 브랜드 중하나다.

붉은빛이 매혹적인 하니네 잉글리시 브렉퍼스트는
흐린 날 울적해진 마음을 달래 주기에 그만이다.

하니네 홍차는 19종에 이르는 화사한 파스텔 티백이 아기자기한 멋을 지닌다.
각각의 홍차 맛을 즐기는 것은 물론 색색의 티백을 모으는 재미도 쏠쏠하다.

잉글리시 브렉퍼스트는 주로 인도나 스리랑카, 중국의 홍차잎을 블렌딩해서 만든 아침차다. 하지만 하니네의 아침차는 독특하다. 세계 3대 홍차 중 하나인 중국의 '기문' 100%로 이루어져 있기 때문이다. 세계 3대 홍차란 인도의 다즐링Darjeeling, 스리랑카의 우바Uva, 중국의 기문Keemun을 일컫는다. 기문은 주로 달콤한 과일향과 우아한 난향으로 표현되는데 특히 짭짤한 맛이 도는 연한 훈연향을 느낄 수 있다. 이 독특한 '훈연향' 때문에 소시지나 훈제 오리를 먹는 기분이 든다는 사람도 있다.

기문 100%의 잉글리시 브렉퍼스트는 독특하지만 또 오묘하게 잘 어울린다. 짭조름한 훈연향이 가득 느껴지지만 전체적으로 둥글둥글하고 산뜻한 느낌을 준다. 이 차는 잠을 확 깨기 위해 우유를 타서 마시기도 한다. 하지만 하니네의 기문 100% 잉글리시 브렉퍼스트는 의외로 가벼워서 밀크티보다는 그냥 차만 마시는 스트레이트가 어울린다.

빨간색 티백이 눈에 확 띄는 하니네의 아침차는 정말 독특하면서도 한편으로는 무난해서 특별한 날에만 마실 것 같지만 매일 마셔도 질리지 않는다. "조금 더 특별한 날, 네가 어울리는 날 선택해 줄게." 하고 속삭이며 다음을 기약하는 그 순간은 아쉽지만 한껏 기대감에 부풀게 된다. 그리고 하늘 가득 구름이 차오르고 적당히 습기를 머금어 축축한 날이면 하니네의 빨간색 티백을 집어 든다.

2분의 기다림 끝에 티백을 건져 내고 창가의 테이블에 앉아 흐리멍덩한 하늘을 바라보며 차 한 모금을 들이키면 혀끝에서 짜릿함이 느껴진다. 하니네 빨간색 티백의 아침차를 마시려면 반드시 회색빛 날씨를 기다리기 바란다. 곧 불어올 차가운 북풍을 암시하는 묘한 분위기의 잿빛 하늘과 기대감이 한껏 어우러져 그야말로 완벽한 한 잔의 차를 마실 수 있다.

하니네 파리,
파리의 향과 멋 느끼기

문득 어디론가 떠나고 싶은 날이 있다. 아침부터 창가에 햇살이 길게 드리워져 온몸을 간지럽힐 때나 멍하니 창밖을 내다보고 있는데 따뜻한 바람이 불어올 때, 그럴 때는 열일 제쳐 놓고 카메라 하나 달랑 들고 어디론가 훌쩍 떠나고 싶다. 하지만 이내 엄마를 찾는 딸아이의 목소리에 곧바로 현실로 돌아온다. 그럴 때는 한숨을 한 번 크게 내쉬고 홍찻장을 뒤적여 차를 꺼낸다. 이때 주로 선택되는 차는 이름에 '파리'가 들어간 것이다.

홍차에는 유달리 '파리'라는 이름이 많이 들어간다. 도쿄, 베를린, 런던처럼 도시 이름을 딴 홍차들이 간혹 있는데 그중 유독 자주 등장하는 이름이 '파리'다. 이런 걸 보면 '파리'는 많은 사람에게 로망의 도시가 아닐까 싶다. 어디론가 떠나고 싶을 때 도쿄, 런던, 베를린의 차보다 '파리'라는 차에 손이 가게 되는 것은 파리가 가진 아련한 낭만 때문일 것이다.

앞서 소개했던 하니 앤 손스에도 '파리Paris'라는 이름의 홍차가 있다. 초콜릿처럼 느껴지는 진한 바닐라향에 상큼한 베르가못이 첨가되어 있으며 미국 브랜드지만 얼핏 프랑스다운 향마저 느껴진다. 파리라는 이름에서 느껴지는 알 수 없는 이끌림에 빠져 어느새 에펠탑이 보이는 널따란 광장에 앉아 차를 마시고 있는 자신의 모습을 상상해 보라.

쿠스미Kusmi는 2007년에 창립 140주년을 기념해 베를린, 런던, 상트페테르부르크와 더불어 파리Paris 홍차를 선보였다. 프랑스 브랜드인 포숑Fauchon에서도 다양한 파리 홍차를 선보이고 있는데 파리의 오후An Afternoon in Paris, 도쿄는 파리를 사랑한다Tokyo loves Paris, 내 사랑 파리Paris. my love, 파리의 행복The Happiness in Paris 등 낭만적인 이름으로 가득하다.

이렇게 이름에 파리가 들어간 홍차는 하니 앤 손스의 '파리'나 포숑의 '파리의 오후'처럼 홍차에 바닐라향과 시트러스가 더해진 것, '파리의 행복'처럼 아쌈과 운남, 다즐링이 어우러진 클래식 티, '도쿄는 파리를 사랑한다'처럼 녹차 베이스에 복숭아와 파인애플 향이 더해진 것도 있다. 맛과 향이 제각각이지만 신기하게도 모든 차에서 파리의 흔적을 찾아볼 수 있다.

떠나고 싶지만 떠날 수 없다고 해서 절망할 필요는 없다. 싱숭생숭한 마음을 달랠 자신만의 비법이 하나씩 있겠지만 홀로 앉아 파리의 차를 마시는 것이야말로 감히 최고의 해결책이라고 할 수 있다. 믿을 수 없다면 한 번 시도해 보라. 파리라는 이름을 가진 차와 속닥이며 보내는 시간은 실제 파리로 떠나는 여행보다 더 행복하다는 사실을 깨닫게 될 것이다. 난 오늘도 프랑스의 파리Paris를 마신다.

파리를 담은 홍차 한 잔에는 파리의 낭만과 아련함, 추억이 담겨 있다.
어느 날 문득 떠나고 싶어지는 날에 파리의 향기를 품은 차를 마셔 보라.

홍차에서 맛보는
초콜릿의 유혹

08

나는 초콜릿에 무척이나 열광하는 사람이다. 초콜릿, 초콜릿 케이크, 초콜릿 컵케이크, 핫초콜릿, 초콜릿향 커피에서 초콜릿향 홍차까지. 특히 초콜릿 홍차를 맛본 이후로 초콜릿이 생각날 때마다 초콜릿 홍차를 즐겨 찾게 되었다. 살짝 출출한 오후, 진하게 우린 초콜릿 홍차에 밀크팬에 데운 뜨거운 우유를 붓고 갈색의 각설탕을 하나 '퐁당' 하고 떨어뜨린다. 이렇게 마시는 초콜릿 밀크티는 감히 어느 누구도 거부할 수 없다.

대개 홍차에 처음 빠지게 되는 계기는 거부할 수 없는 매혹적인 '향기' 때문이다. 찻잎에 꽃잎이나 과육, 혹은 초콜릿이나 천연 향을 더해서 만드는 차를 가향차라고 한다. 홍차에서는 찻잎만을 이용해 만든 차를 클래식 티, 혹은 스트레이트 티straight tea라고 부르고 이렇게 향을 가미한 홍차를 가향 홍차flavoured tea라고 부른다.

스트레이트 티는 찻잎 고유의 향과 맛을 즐길 수 있다는 점에서 매력적이지만 처음 홍차를 접하는 사람들은 다소 어려울 수 있다. 그에 반해 가향 홍차는 딸기, 초콜릿부터 시작해서 바나나, 멜론, 파인애플, 캐러멜, 심지어 와인과 위스키까지 다양한 향으로 사람들을 매혹시킨다. 참고로 가향 홍차는 말 그대로 향을 더한 것이기 때문에 초콜릿 홍차라고 초콜릿 맛이 나

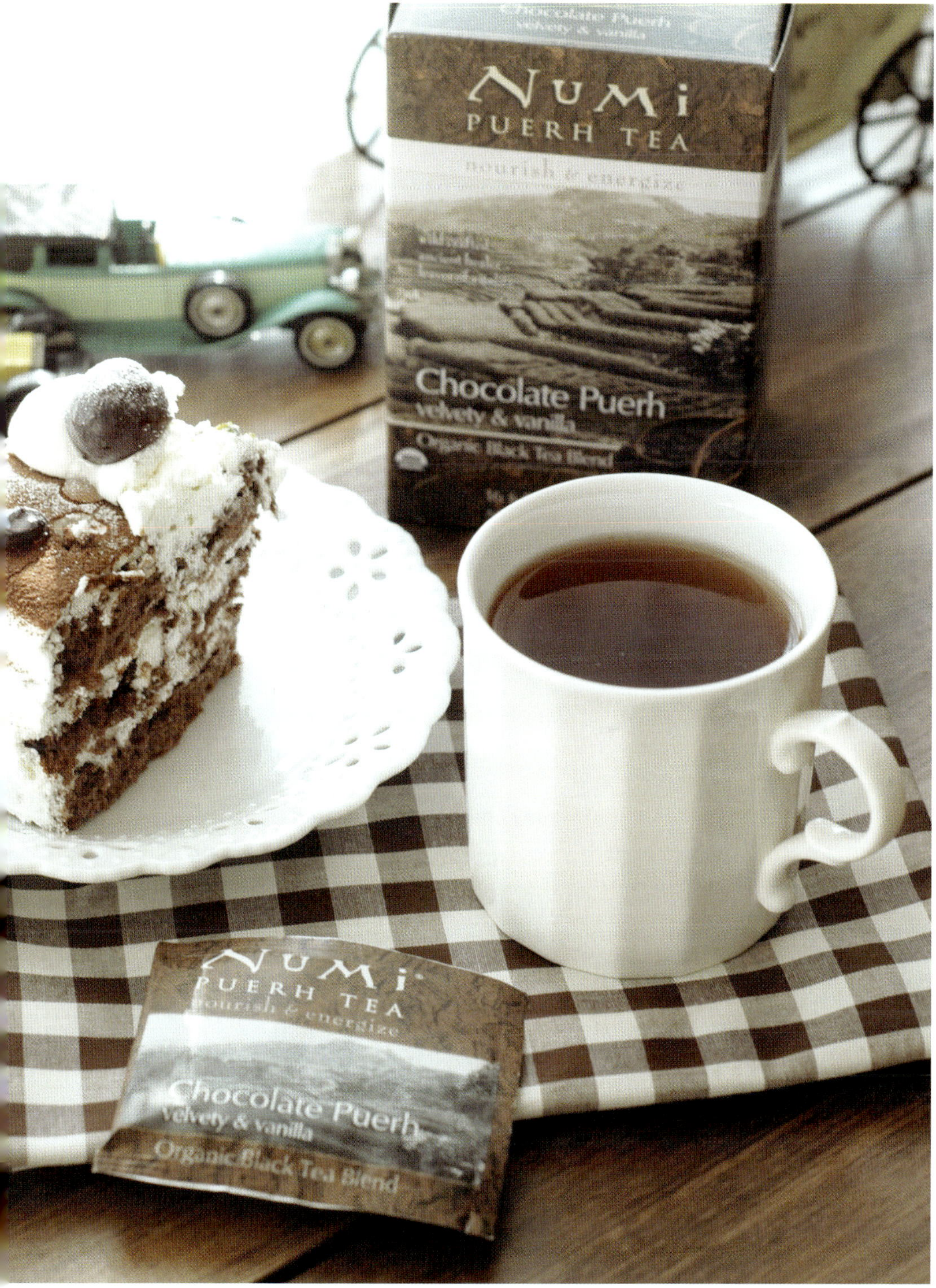

입안 가득 퍼지는 초콜릿향이 추운 겨울 마음까지 따뜻하게 해 준다.

는 것은 아니다. 단지 달콤하고 사실적인 초콜릿의 향을 즐기는 것일 뿐이다. 사람들이 많이 히는 질문 중 하나가 "복숭아 홍차인데 복숭아 맛이 나지 않고 써요, 왜 그렇죠?"라는 것이다. 인스턴트 복숭아 홍차에 익숙해진 탓이다. 실제 복숭아 홍차는 복숭아 맛이 나는 게 아니라 찻잎에 복숭아 향을 가미해 향을 즐기는 차라는 것을 기억하자.

초콜릿 가향 차도 종류가 천차만별이다. 초콜릿 가향으로 유명한 포숑Fauchon의 초콜릿 에끌레어chocolate eclair와 듀세르 에 쇼콜라Douceur Et Chocolat는 타 브랜드와 달리 깊고 진한 초콜릿향이 일품이다. 초콜릿 에끌레어는 유명하고 인기가 많았지만 아쉽게도 단종이 되었고 그 뒤로 나온 차가 바로 듀세르 에 쇼콜라로 초콜릿과 아몬드, 바닐라, 밤이 가향되었다. 초콜릿 가향차라고 하면 가장 먼저 생각날 정도로 많은 사랑을 받고 있는 홍차라 한 번 맛을 본 이후로 떨어지지 않게 구비해 두고 있다. 초콜릿과 바나나 향을 더한 일본 브랜드 루피시아Lupicia의 바나나 쇼콜라banana chocolat 역시 달콤한 바나나와 초콜릿이 환상적으로 어우러진다. 이처럼 단순히 초콜릿 하나만이 아니라 초콜릿과 바나나, 초콜릿과 밤, 혹은 초콜릿과 생강을 가향한 차도 있다.

일본 브랜드인 마리나 드 부르봉Marina de Bourbon의 퐁텐fontaine이라는 차는 홍차에 캐모마일과 샴페인, 초콜릿 향을 가미했다. 달콤하고 진한 초콜릿과 마음을 편안하게 해 주는 캐모마일 그리고 이름만 들어도 톡 쏘는 듯한 샴페인이 어우러져 멘델스존의 바이올린처럼 낭만적인 선율을 선사한다. 마리나의 퐁텐은 직접 맛보지 않고서는 절대로 상상할 수 없는 홍차다. 초콜릿과 캐모마일 그리고 샴페인이라니. 평범한 사람들은 생각조차 해낼 수 없는 환상적인 아이디어다. 호불호가 분명히 갈리지만 독특한 매력에 빠지면 헤어날 수가 없다.

초콜릿보다도 더욱 초콜릿스러운 초콜릿 홍차들은 그냥 마셔도 좋지만 우유와 최고의 궁합을 자랑한다. 뜨거운 우유를 붓고 설탕 1티스푼을 첨가해서 달콤하게 밀크티로 즐겨도 좋고 더운 여름에는 찻잎에 약간의 물을 부어 살짝 불린 후 우유에 붓고 하루 정도 냉장고에 넣어두었다가 마셔도 좋다. 이런 방법을 냉침이라고 하는데 초콜릿과 우유가 만났다는 점에서 초코맛 우유와 비슷할 수도 있다. 시간이 걸리고 과정이 번거롭지만 자꾸만 손이 가게 만드는 매력이 있다.

초콜릿 홍차는 홍차 본연의 맛을 가지고 있지만 초콜릿향이 그윽하게 와 닿는다. 그래서 초콜릿 가향 홍차는 초콜릿 케이크와 최고의 궁합을 자랑한다. 입안에서 사르르 녹는 진한 초콜릿 케이크에 곁들이는 초콜릿 홍차, 상상만으로도 달콤하다. 홍차와 도저히 친해질 수 없다고 생각한다면 초콜릿 케이크에 초콜릿 홍차를 곁들여 보라. 그 매력에 빠지지 않고는 못배길 것이다. 그래서 난 초콜릿 홍차를 사랑한다.

Tea Recipes 02

초콜릿 민트티

찬 바람이 불어오는 겨울날, 따뜻하고 상큼한 초콜릿 민트티 한 잔은 어떨까.
부드러운 목넘김과 향긋한 내음이 온몸을 포근히 감싸 줄 것이다.

준비하기   페퍼민트 티백 1개, 핫초코 가루 1티스푼, 물 100ml, 우유 100ml

만들기

1. 페퍼민트 티백 1개를 준비한다.

2. 밀크팬에 팔팔 끓인 물 100ml를 붓고 페퍼민트 티백 1개를 넣어 5분 이상 우린다.

3. 그동안 머그컵에 핫초코 가루 한 스푼을 가득 떠서 넣는다.

4. 2에 우유 100ml를 넣고 중간불로 끓인다. 단, 티백은 빼지 않는다.

5. 우유가 끓기 직전에 불을 끄고 티백을 살살 흔들어서 건진 후 머그컵에 따른다.
잘 저어 주면 나만의 초콜릿 민트티가 완성된다.

동글동글 아쌈 CTC, 밀크티와의 만남

\# **09**

한겨울에 창밖으로 내리는 눈을 바라보며 마시는 밀크티는 그 무엇과도 비교할 수 없다. 아침에 일어나서 허기가 질 때도, 식후에 뭔가 마시고 싶을 때도, 점심과 저녁 사이에 출출할 때도, 추운 겨울날 외출 직후 온몸이 꽁꽁 얼었을 때도, 자기 전에 어두운 스탠드를 켜 놓고 침대에 기대 책을 읽을 때도, 언제나 변함없이 손이 가는 건 바로 진하고 구수한 한 잔의 밀크티다.

어느 날 친구가 집에 놀러 왔는데, 한겨울에 바람까지 몰아치는 날씨라 "아휴, 추워."를 연발하며 들어 왔다. 커피를 마시지 않는 친구라 따뜻한 차를 한 잔 내려고 물을 끓이는데 출출하다며 뭐 집어 먹을 건 없냐고 물었다. 원래 간식거리를 좋아하는 편은 아닌데 차를 가까이 한 이후로 집에 쿠키나 빵 종류가 떨어질 날이 없다. 차의 향만 오롯이 즐기는 것도 좋지만 때로는 간단하게 집어 먹을 것이 있다면 속도 덜 버리고 궁합이 잘 맞는 음식을 고르면 배로 즐거워진다. 마침 낮에 구워 두었던 스콘이 있어서 밀크티를 한 잔 끓이기로 했다.

갓 끓여 낸 밀크티와 스콘, 버터 그리고 딸기잼은 추운 겨울을 데워 줄 최고의 만찬이다. 친구는 이렇게 맛있고 진한 밀크티는 처음이라며 호들갑을 떤다. 내가 만든 밀크티지만 아쌈의

밀크티에는 무엇보다도 아쌈 CTC가 최고다. CTC란 Crush(분쇄하기), Tear(찢기), Curl(돌돌 말기)의 약자로 세 가지 과정을 거쳐 찻잎이 작고 동글동글 말린 형태로 완성된다. 찻잎을 잘게 찢었기 때문에 차가 금방 진하게 우러나서 유용하고 동그랗게 말려 있어서 이동할 때도 찻잎끼리 부딪혀 파손되거나 찢어질 염려가 없기 때문에 수출입을 할 때 유리하다.

CTC는 주로 아쌈에서 쉽게 볼 수 있는데 인도 아쌈 지역에서 많이 쓰이고 있기 때문이다. 우리나라에서 쉽게 구할 수 있는 것은 압끼빠산드(Aap ki pasand)의 아쌈 CTC로, 가격도 저렴하고 맛도 좋아 많이 즐긴다. 같은 밀크티라도 찻잎을 우려내 뜨거운 우유를 부어 내는 영국식 밀크티와 팬에 직접 끓여 내는 로열 밀크티는 맛의 차이가 확연하다. 딸기나 초콜릿과 같은 가향된 찻잎의 경우에는 불에 직접 끓여 내면 향이 날아가기 때문에 추천하지 않지만 아쌈 CTC처럼 클래식 찻잎의 경우 밀크팬에 끓이면 훨씬 더 진하고 깊은 맛을 즐길 수 있다.

풍부한 향과 우유의 고소함이 어우러져 최고라고 해도 과언이 아닐 듯 싶다. 딸기잼을 바른 스콘과 부드러운 밀크티가 환상의 궁합을 이룬다.

나는 내가 만드는 밀크티에 자부심을 갖고 있다. 밀크티를 워낙 좋아해서 자주 마시다 보니 나만의 비법도 터득하게 되었고, 일반 카페에서 대중의 입맛에 맞추기 위해 연하게 끓여 내는 밍밍한 밀크티, 혹은 그저 달기만 한 인스턴트 밀크티를 맛본 이후에는 더욱 그렇다. 집에 오는 손님에게 밀크티를 끓여 주었을 때 하나같이 눈을 동그랗게 뜨고 신세계를 경험한 듯한 표정을 지을 때는 얼마나 뿌듯한지. 찻잎에 대해서 잘 아는 것도 중요하고 그 과정 역시 중요하지만 무엇보다 중요한 건 마시는 사람에 대한 사랑과 정성이다. 차를 우릴 때도 그렇듯 매번 밀크티의 맛이 미묘하게 달라지는 건 그날 그날의 기분과 상대방에 대한 마음가짐에 따라서다.

많은 친구들이 내게 밀크티 만드는 법을 묻는다. 그리곤 찻잎을 한 아름씩 가져가서 연신 고맙다는 인사를 해 온다. 만드는 과정이 번거롭고 어려울 수도 있지만 정성껏 끓여 낸 밀크티는 한 번 맛보면 결코 잊지 못한다. 누군가의 정성이 듬뿍 담긴 밀크티 한 잔은 헤어날 수 없는 중독이다.

따끈한 밀크티와 간단한 빵을 곁들이면 근사한 브런치가 완성된다.
비싼 카페에 가지 않고도 집에서 나만의 낭만적인 브런치 테이블을 만들 수 있다.

프린스 오브 웨일즈, 비오는 날 만나는 왕자님

10

창밖으로 주룩주룩 비가 내리는 날이면 어김없이 생각나는 남자가 있다. 창을 두드리며 떨어지는 빗방울 소리와 잘 어울리는 그는 따스한 입김으로 내 마음속까지 촉촉이 젖어들게 만드는 마력을 지닌다. 나뿐만이 아니라 홍차를 사랑하는 사람들 중의 대다수가 비오는 날이면 왕자님을 만난다. 바로 영국 브랜드인 트와이닝스Twinings의 프린스 오브 웨일즈Prince of Wales로, 훈연향이 그득한 홍차다. 프린스 오브 웨일즈란 영국의 황태자를 칭하는 말로 직접 왕자님 얼굴을 볼 수는 없어도 홍차 한 잔만 있으면 이렇게 만나 볼 수 있다. 중국의 운남과 남부 지방의 홍차를 블렌딩해서 만든 이 차는 부드럽고 둥글둥글한 맛에 일명 '훈연향'이라고 하는 연기를 머금은 듯한 구수함과 난향과 같은 고급스러운 맛이 어우러져 묘한 매력을 선사한다.

비오는 날은 기문이나 랍상 소우총Lapsang souchong과 같이 훈연향의 차가 어울린다. 둘 다 중국 홍차인데 랍상 소우총은 솔잎을 태워서 그 연기로 그을려 만든 것이며, 진한 스모키향과 소나무향이 특징이다. 랍상 소우총 같은 경우 호불호가 뚜렷해 '정로환' 같다며 특유의 진한 향을 받아들이지 못하는 사람이 있지만 기문이나 운남처럼 가벼운 훈연향이 곁들여진 홍차는 누구나 부담 없이 즐긴다. 실제로 홍차를 처음 접하는 친구들에게 차를 나누어 줄 때 기문

을 함께 넣으면서 반드시 봉투에 '비오는 날 어울리는 홍차'라고 적는다. 차에 대해서 잘 모르는 친구들은 나의 추천대로 비오는 날을 기다렸다가 기문을 마시고 휴대폰으로 문자를 보낸다. "기문 이거 정말 비오는 날과 잘 어울린다! 나 또 줘." 이제 손만 내밀면 홍차가 나오는 걸 아는 내 친구들은 얼굴에 철판을 깔고 홍차를 달라고 한다. 어차피 새로운 홍차를 계속해서 구입하기 때문에 나눠 마시는 재미를 즐긴다. 홍차를 모르다 하나둘씩 알아 가며 재잘대는 이야기도 재미있고 우리의 대화에 '홍차'가 끼어들 여지가 생겨서 기쁘다.

트와이닝스의 왕자님도 은근한 훈연향이 매력적인데 평소에는 그냥 '맛있다'라고 하면서 마시지만 비오는 날은 왠지 모르게 깊은 감상에 빠지게 된다. 마음속에 숨어 있는 아릿한 향수를 끄집어 낸다고 할까? 하염없이 떨어지는 비를 보며 마음껏 맞고 싶다고 느낄 때는 트와이닝스의 왕자님을 만나 보라. 아참, 왕자님의 의상은 고급스러운 검정색이다. 비오는 날 검정색으로 차려 입은 왕자님과의 만남, 따스한 입김과 부드러운 입맞춤에 취해 진짜 왕자님과 데이트하는 착각을 일으킬 정도다.

하루에도 몇 번씩 '왕자님과의 만남을 가져 볼까?' 하는 생각을 하게 된다. 왕자님, 그것도 웨일즈의 왕자님이라는 이름부터 거부할 수 없는 매력을 지닌다. 하지만 결국 왕자님은 늘 뒷전으로 미뤄 놓게 된다. 그가 매력을 한껏 발산하기 위해서는 '비'가 필요하기 때문이다. 평소에 만나는 왕자님도 참 좋다. 하지만 비오는 날 만나는 왕자님은 결코 잊혀지지 않는 감동을 선사해 준다. 이 글을 읽고 있는 당신도 비오는 날이면 꼭 왕자님과 만나 보라. 비오는 날을 손꼽아 기다리게 될 것이다. 기다리는 만큼, 그와의 만남은 달콤하다.

비 오는 날을 기다리게 만드는 왕자님, 프린스 오브 웨일즈

인스턴트 밀크티, 간편한 즐거움

\# 11

커피에도 간편함을 위한 커피믹스가 있듯이 홍차에도 인스턴트 밀크티가 있다. 흔히 알고 있는 립톤의 아이스티는 달달함을 무기로 여름 내내 사무실의 인기를 독차지한다. 하지만 이런 인스턴트 아이스티 외에도 뜨거운 물만 부으면 완성되는 가루로 된 인스턴트 밀크티가 있다.

밀크티를 한 잔 마시고 싶은데 밀크팬에 끓이기는 너무 귀찮고, 좀 더 간편하게 홍차를 우려 우유를 붓는 영국식으로 하자니 우유마저 데우기 귀찮을 때가 있다. 그럴 때 전기 티포트에 물을 끓인 후 인스턴트 밀크티를 컵에 넣고 물을 부으면 거의 완벽에 가까운 밀크티가 완성되니, 급하고 귀찮을 때는 이 인스턴트의 유혹을 떨쳐 버릴 수 없다. 하루에 서너 잔의 홍차를 기본으로 마시는 내 티테이블에도 인스턴트 밀크티가 종종 등장한다.

우리가 아이스티 때문에 흔히 알고 있는 립톤Lipton에서도 골드 밀크티라는 인스턴트 밀크티가 나오는데 인스턴트 밀크티도 의외로 종류와 브랜드가 다양하다. 일동홍차의 로열 밀크티 Royal Milk Tea는 홍차 마니아들 사이에서도 유명하며 대형 마트나 일본 식품 수입점, 백화점 등에서 쉽게 구할 수 있다. 일동홍차의 로열 밀크티는 카스타드 푸딩이라든지 차이, 얼 그레이 밀크티 등 종류가 다양해서 입이 즐겁다.

최근 마니아층을 형성하고 있는 알리카페Alicafe에서도 알리티Alitea라는 인스턴트 밀크티가 나온다. 인스턴트가 아니라 실제 밀크티를 만들어 마시는 것처럼 홍차의 깊고 풍부한 맛이 살아 있어 감칠맛이 넘치며 머그컵 한가득 물을 부어도 될 만큼 양도 많다. 일명 무지Muji라고 불리는 무인양품에서도 다양한 맛의 인스턴트 밀크티가 출시되고 있다. 아무래도 홍차가 대중화가 된 일본에서는 이미 다양한 인스턴트 밀크티를 만들고 있다. 인스턴트 밀크티는 지나치게 달다는 단점이 있는데 적당하게 쌉싸름한 홍차의 맛을 구현했다는 점에서 높은 점수를 주고 싶다.

우리나라의 티젠Tea Zen에서 나온 '맛있는 홍차라떼'나 '맛있는 말차라떼'도 종종 즐기는데 일본의 일동홍차 못지않은 맛을 자랑한다. 역시 우리나라 홍차 브랜드인 아레스 티Ares Tea에서도 아쌈 티라떼 파우더Assam tea latte powder와 붐베이 차이티Bombay Chai Tea 등 각종 인스턴트 밀크티를 만들고 있다. 아레스의 파우더는 하루야마 그린티Haruyama Green Tea가 유명해서 맛을 보게 되었는데 종류가 다양하고 홍차의 맛도 잘 살렸다.

인스턴트 밀크티가 점점 다양하게 수입되고 급기야 우리나라 브랜드에서도 인스턴트 밀크티가 만들어지는 것을 보면 참 기쁘다. 간편하기 때문에 더욱 쉽게 접근할 수 있는 인스턴트 밀크티의 확장은 그야말로 홍차의 대중화에 일조하고 있다는 생각이 든다. 이런 식으로 홍차가 차지하는 비중이 점점 더 커지면 인스턴트 커피에서 원두 커피로 관심이 돌아가듯 인스턴트 밀크티에서 티백 그리고 잎차로 관심이 돌아갈 날이 오지 않을까?

인스턴트 밀크티로 쉽고 간편하게 즐길 수 있다.

홍차 아포가토,
색다른 맛의 궁합

#12

홍차에 빠지기 전에 나는 커피홀릭이었다. 제대로 된 커피를 즐기고 싶어 홈카페를 방불케 할 커피 장비(?)들을 집에 마련해 둘 정도였다. 핸드드립으로 거의 매일같이 신선한 원두를 갈아 커피를 내려 마셨다. 때로 따뜻한 커피 외에 변화가 필요한 날에는 차가운 바닐라 아이스크림 위에 갓 뽑아낸 진한 에스프레소를 부었다. 아이스크림의 달콤함과 뜨거운 커피의 쌉쌀함이 어우러진 커피 아포가토Affogato는 매혹적인 맛이 가득했다. 그렇게 커피에 빠져 지냈던 것이 언제인지 지금은 가물가물할 정도다.

홍차에 빠지게 되면서 이전에 비해 커피를 마시는 횟수도 자연스레 줄었다. 하지만 일주일에 서너 번은 반드시 핸드 드립 커피를 마시거나 캡슐커피머신으로 에스프레소를 뽑아 즐기곤 한다. 그러다 집에 아이스크림이 있다면 컵에 아이스크림을 듬뿍 담은 후에 캡슐커피머신만 작동시켜 진한 에스프레소를 한 컵 부어 주면 아포가토쯤이야 금방 완성이다.

요즘은 이런 아포가토를 살짝 변형시켜 홍차 아포가토를 만든다. 에스프레소 대신 진하게 우려낸 홍차를 아이스크림 위에 끼얹어 주면 완성된다. 밀크티 하면 떠오르는 헤로게이트 Taylors of Harrogate의 요크셔 골드Yorkshire gold를 진하게 우려 아포가토로 만들면 구수한

고구마향이 도는 홍차의 쌉싸름함과 아이스크림의 달콤함이 입안에서 환상적으로 어우러진다. 조금 독특한 아포가토를 즐기고 싶다면 얼 그레이를 진하게 우려 만들어 보자. 내가 자주 마시는 건 진한 베르가못의 향이 매력적인 아마드Amahd의 얼 그레이나 스태쉬Stash의 더블 베르가못 얼 그레이를 듬뿍 끼얹은 것이다. 상큼하고 레모니한 베르가못의 향이 의외로 바닐라 아이스크림과 잘 어울린다.

이 밖에도 초콜릿향 홍차나 딸기향 홍차를 섞은 아포가토, 혹은 초콜릿 아이스크림과 딸기 아이스크림을 섞은 아포가토도 커피에서는 맛볼 수 없는 홍차 아포가토만의 특권이다. 특히 초콜릿향 홍차와 초콜릿 아이스크림의 조합은 상상을 초월한다. 절대 향처럼 달콤하지 않은 초콜릿향 홍차는 달콤함의 극치인 초콜릿 아이스크림과 어우러져 이런 게 마리아쥬가 아닌가 하는 생각이 들 정도다.

문득 그냥 마시는 커피나 홍차가 지루하게 느껴질 때, 아이스크림 하나면 색다르고 묘한, 하지만 숟가락질을 멈출 수 없게 만드는 아포가토의 매력에 빠져 보라. 간단히 만들 수 있다는 것도 이 녀석의 매력이다. 복잡하고 오래 걸리는 요리라면 뭐든 금방 포기하고 미루는 나에게도 아포가토는 정말 착하디 착한 메뉴 중 하나다.

Tea Recipes 03

홍차 or 커피 아포가토

홍차와 커피를 특별하게 즐기는 법. 아이스크림과 함께 아포가토로 만나 보자.

준비하기　얼 그레이 또는 에스프레소 60ml, 바닐라 아이스크림 2스쿱

만들기　1. 컵에 바닐라 아이스크림 혹은 초콜릿, 호두맛 아이스크림을 듬뿍
　　　　　　　퍼서 2스쿱 정도 담는다.

　　　　　　2. 갓 추출한 에스프레소 60ml 혹은 진하게 우려낸 얼 그레이 60ml
　　　　　　　를 따로 준비한 후 1번에 부어 준다.

　　　　　　3. 스푼을 준비해서 아이스크림과 홍차 또는 커피를 함께 떠먹는다.

홍차를 맛있게 우리는 골든 룰

하나. 찻잎

단순한 홍차 한 잔이지만 정해진 룰을 따르면서 시간과 공을 들여 마시다 보면
자신을 존중하고 사랑하는 마음이 커진다. 차분히 홍차를 음미하는 작은 티타임에서 나만의 여유를 되찾는다.

준비하기 티포트 2개, 티코지(티포트를 씌워 놓는 보온용 주머니), 찻잔 1개, 타이머 혹은
모래시계, 티 스트레이너(거름망), 찻잎, 물

만들기 1. 잎차를 우릴 티포트와 찻잔을 예열해 둔다. 뜨거운 물로 가볍게 한
번 행구거나 뜨거운 물을 담아 두면 좋다. 보통 3g에 200ml의 물이
좋다고 하지만 찻잎과 물 양은 취향에 따라 다르다.

2. 예열된 티포트에 찻잎을 넣고 막 받아서 신선한 물을 끓인다. 뜨거운
물을 위에서 아래로 힘차게 부어야 찻잎이 고루 섞이면서 잘 우러난
다. 이때 거름망보다 둥근 티포트를 쓰면 찻잎이 잘 섞여서 좋다. 홍
차는 온도에 민감하기 때문에 티코지를 씌워 찻잎을 우려 낸다.

3. 3분 혹은 정해진 시간이 지나면 다른 티포트에 찻잎을 걸러 내고 따
른다. 찻잎을 그대로 오래 두면 떫어지기 때문에 따로 걸러 내야 처
음부터 끝까지 똑같은 맛과 향의 차를 즐길 수 있다.

4. 티잔에 따른 후 역시 티코지를 씌워 보관하면 차가 30분 이상 따뜻
하게 유지된다.

TIP. 티코스터(컵받침)가 있으면 더욱 오래 따뜻한 홍차를 마실 수 있다.

둘. 티백

찻잎을 우려내기가 번거롭다면 티백을 이용한다.
간단히 몇 가지만 지키면 티백으로도 훌륭한 홍차의 맛과 멋을 즐길 수 있다.

준비하기 홍차 티백, 머그컵과 뚜껑 혹은 접시 등 덮을 수 있는 것, 타이머 혹은 핸드폰 등 시간을 잴 수 있는 것

만들기

1. 머그컵을 뜨거운 물로 한 번 헹궈 예열한 다음 막 받아서 끓인 물을 부어 준다.

2. 티백을 옆으로 살그머니 넣어 준다. 티백을 넣고 물을 부으면 떫은 성분이 우러나오므로 물 먼저 넣은 후에 티백을 넣는다.

3. 뚜껑이나 접시를 덮어 향과 열이 날아가지 않게 한 뒤 1~2분 정도 우린다. 모슬린(거즈처럼 생긴 것)이나 샤셰(피라미드형) 티백이 아닌 일반 티백 속 찻잎은 잘게 팬닝되어 있기 때문에 1~2분만 우리면 된다. 밀크티로 마시려면 3분 이상 우려도 된다. 홍차가 아닌 과일차나 허브차는 5~6분 이상 우린다.

4. 티백은 절대 꾹 누르거나 막 흔들어 짜내지 않는다. 찻잎의 떫은 성분이 우러나와 써지기 때문에 살그머니 건진다. 간혹 엑기스가 바닥에 가라앉아 있을 때는 티백을 살살 흔들어서 꺼낸다.

2

두 번째 홍차,

소박한 사랑을 우려내다

홍차는 혼자 마셔도 좋지만 마음이 맞는 사람과

담소를 나누며 마시면 행복하다.

때론 쌉싸름하게, 때론 달콤하게 혀끝을 간질이는 홍차.

사랑하는 사람과 함께해서 더욱 맛있는 홍차의 맛을 느껴 보자.

카페 오렌지 페코, 홍차를 나누는 행복

01

홍차에 대해 아무것도 모르던 시절, 홍차를 접하면서 관련된 각종 서적을 구입해 읽고 인터넷을 뒤져 가며 하나라도 더 알아내려고 애쓰곤 했다. 그때 가장 큰 도움이 되었던 것이 바로 '오렌지 페코'다, 일명 '오페'라고 불리는 국내 최대의 홍차 카페. 홍차에 대한 정보를 담고 있는 책에서도 많은 정보를 얻었지만 오렌지 페코는 세상에 존재하는 수백, 수천 가지의 홍차를 마셔 본 홍차 마니아와 나처럼 홍차를 알고 싶어 하는 홍차 초보자가 교류하는 공간이다. 생생한 정보와 생활에서 쉽게 접근할 수 있는 홍차를 즐기는 법 등이 담겨 있으며 무엇보다도 이곳이 매력적인 것은 바로 '분양'과 '교환'이라는 훈훈한 나눔 덕분이다.

우리나라에 들어 오는 홍차의 종류는 한정적이고 가격도 만만치 않다. 홍차 찻잎을 10g씩 나누어 다양한 홍차를 접할 수 있도록 샘플러를 판매하는 곳도 있지만 대부분은 100g 단위의 많은 양을 통째로 판매하고 티백도 20~25개들이가 대부분이다. 홍차 초보의 경우 홍차의 향과 맛은 제각각인데 자신의 취향도 모른 채 막무가내로 구입했다가 두어 번 마시고 내버려두는 일이 많다. 분양과 교환은 이런 홍차 초보에게도 혹은 자신에게 없는 홍차를 맛보고 싶어 하는 홍차 고수에게도 좋은 수단이 된다. 막상 구입했지만 의외로 입맛에 맞지 않아 마시지 않는 홍차는 다른 사람과 '교환'해서 마실 수 있으며, 다른 사람이 하는 '분양'에 참가할 경우 많은 양의 홍차를 구입하지 않고도 다양한 홍차를 맛볼 수 있다. 혹은 사려고 마음먹었던 홍차를 교환이나 분양으로 미리 맛본 후 마음에 들면 구입해도 된다.

오렌지 페코를 통해 다양한 홍차를 교환해서 맛볼 수 있다.

친절한 홍차 마니아들은 홍차와 함께 예쁘고 맛있는 간식거리를 더해 주기도 한다.

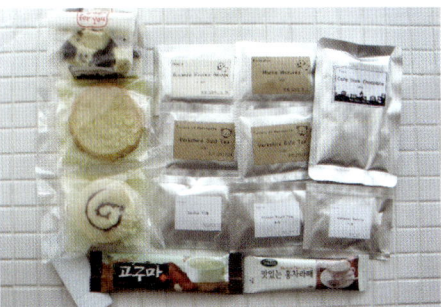

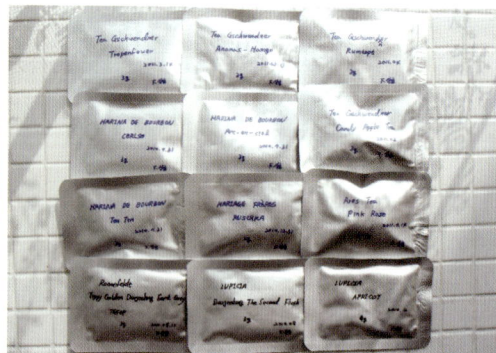

차와 함께 직접 만든 티코스터나 화장품 샘플, 책과 같은 것을 넣어 주기도 한다.

오페를 통해 친해진 후배가 유럽 여행 중에 사다준 홍차. 독특한 색과 모양의 틴이 이색적이다.

오렌지 페코의 분양은 분양자가 제시하는 각종 조건에 해당되거나 질문을 맞추는 등 다양한 방법으로 진행된다. 초보였던 나도 신기한 홍차의 종류에 눈이 뒤집혀 여러 번 분양을 시도했지만 안타깝게도 쉽게 당첨되지 않았다. 분양에 연속으로 낙방하고 아쉬운 마음에 시도했던 게 바로 '교환'이었는데 나와 첫 교환을 진행했던 B양은 교환하려던 품목 외에 다양한 '시음티'를 넣어 주었다. B양의 인심에 적어도 일주일은 싱글벙글 웃으며 지냈던 것 같다. B양은 지금까지도 함께 브런치를 먹고 차를 마시러 다니는 친한 언니동생 사이로 지내고 있다. 알 수 없는 게 사람의 인연이라더니, B양은 최초의 이웃이자 여기서 이웃이란 블로그상의 용어로, 싸이월드의 일촌 개념과 비슷하다. 온라인으로 만나 오프라인으로 친해진 4인방의 일원이다. 이 4인방에 대해서는 이후 다시 소개하겠다.

분양과 교환을 여러 번 시도하고 나 역시 보유한 홍차가 많아지자 교류하던 이웃들과 홍차를 나눠 마시는 일이 잦아졌다. 오페를 통해 받은 홍차가 많았고 덕분에 다양한 홍차를 접할 수 있었기 때문에 나도 홍차를 처음 접하는 사람과 나누고 싶다는 생각이 절로 들었다. 감사한 마음을 가진 이웃에게 새로운 홍차를 맛보라며 깜짝 선물을 보내기도 했고 나 또한 생각지도 못한 서프라이즈 선물에 감동의 눈물을 흘리기도 했다. 홍차를 좋아하는 사람은 인심이 어찌나 넉넉한지 큰 상자에 홍차와 티푸드, 직접 만든 티코스터 등을 듬뿍 담아 예쁜 메시지도 잊지 않고 함께 넣어 보내 준다.

오페의 이런 관습에 대해 알지 못하는 사람은 "에이, 누가 대가도 없이 이런 걸 보내줘?" 하고 말하지만 그것은 정말 몰라서 하는 소리다. 나 역시 바라는 바 없이 나누고 싶은 마음이 들고 맛있는 차가 있으면 차를 좋아하는 사람과 함께 나누고 싶다는 생각이 든다. 작은 상자에 혹은 작은 우편봉투에, 새로 구입한 각종 홍차를 꽉꽉 채워 보내면서 받는 사람의 표정을 상상해 보면 나 역시 기쁨의 미소를 띠게 된다. '베푼 만큼 돌아 온다.'라는 말도 있듯이 순수한 마음으로 보낸 선물은 어느 순간 배가 되어 깜짝 선물로 돌아온다. 보내는 기쁨, 받는 기쁨을 모두 누리게 되니 삶이 풍요로워질 수밖에 없다.

보통 다른 사람들에게 "홍차를 좋아해요." 하고 말하면 마치 "클래식 음악만 들어요." 했을 때의 같은 반응이 돌아오곤 한다. "고급 취미네.", "홍차가 맛있어?" 가끔 내 블로그에 글을 남기는 중학생이나 고등학생이 있다. 친구 중 단 한 명만이라도 홍차에 관심이 있으면 좋겠다고, 혹은 엄마가 홍차를 함께 마셨으면 좋겠다고. 이렇듯 공감할 수 없는 취미는 재미가 떨어지고 아쉬움이 남지만 함께 즐기는 취미는 기쁨이 배가 된다. 오렌지 페코에 들어가면 모든 사람이 홍차를 즐긴다. 홍차를 즐기는 수많은 사람과 취미는 물론 정까지 나누는 것은 말할 수 없이 행복하다. 그러다 보면 어느 순간 오페 중독에 빠진 자신을 발견할 것이다.

홍차를 좋아한다면, 혹은 지금부터 홍차에 관심을 가져 보려고 한다면, 망설이지 말고 오렌지 페코를 찾아 보라. 오페 중독자가 되는 것이 홍차 마니아의 지름길이다.

cafe.naver.com/artcollection

카렐 스트로베리 티와
홍차 4인방

'온라인에서 만나 오프라인으로 친해진' 홍차 4인방이 있다. 그들 덕분에 나의 홍차 생활은 풍요로워졌고 얼굴을 맞대고 따뜻한 차를 마시며 주위 친구나 가족과는 나눌 수 없는 '홍차 전문 용어'들을 끊임없이 조잘댈 수 있었다. 십 년 묵은 체증이 내려가는 듯한 기분이다. 그중 한 명은 앞서 말했듯이 첫 교환을 했던 B양으로, 시원시원하고 큰 눈이 매력적이다. 그녀는 스리랑카의 차, 실론티를 사랑하고 향신료가 듬뿍 들어간 차이를 즐겨 마신다. 나에게 스리랑카 브랜드인 딜마Dilmah의 차를 처음 소개해 준 사람이기도 하다. 깔끔하고 부드러운 맛이 매력인 딜마의 차는 그녀를 닮았다.

또 다른 한 명은 R양으로 평소에는 조용하지만 한 번씩 빵 터트려 주는, 차에 대해 은근히 아는 것도 많고 마셔 본 차도 많은 홍차 마니아다. 그래서 나는 새로운 차를 마시고 나면 R양에게 소견을 묻는 버릇이 생겼다. 마셔 본 차를 비교 시음할 수 있는 친구가 있다는 건 행운이다. 게다가 일본어에 능통해 일본 곳곳을 누비고 다녔다는 점에서 부러운 게 많다. 그런 R양과의 인연은 이렇게 이루어졌다.

아기자기하고 귀여운 일러스트로 유명한 일본 홍차인 카렐Karel Capek의 차를 처음 접하고 나서 신선한 충격에 빠졌다. 달콤한 딸기향이 일품인 카렐의 스트로베리 티Strawberry Tea는 핑크빛 토끼가 그려진 일러스트부터 시작해서 동글동글 말려 있는 찻잎, 하늘하늘한 샤세 티백이 매력적으로 어우러져 있다. R양은 내 블로그에 남긴 시음기를 보고 일본에서 마셨던 스

트로베리 티가 떠오른다면서 부러움 가득 담긴 댓글을 달았다. 그 글을 본 나는 이상하게도 선뜻 R양에게 카렐 스트로베리 티를 나누어 주겠다는 쪽지를 보냈다. R양이 기뻐 날뛰었다는 건 말하지 않아도 알 수 있었다.

카렐 스트로베리로 시작된 인연은 지금까지도 이어져 홍차 4인방을 탄생시켰다. 요즘도 만나면 스트로베리 티 이야기를 유쾌하게 나누곤 한다. 생전 처음 보는 사람에게 그렇게 선뜻 차를 나누어 주겠다는 쪽지를 보냈던 용기가 지금 생각해도 신기하다. 그 이후로도 처음 보는 사람에게 차를 나누어 주곤 했지만 R양처럼 길고 단단하게 이어진 인연은 없었던 것 같다.

이런 R양과의 추억 때문인지 카렐의 스트로베리 티는 달콤하고 신선한 향과 맛으로 기억된다. 이 차는 핫티로도 즐겁지만 밀크티로 마셨을 때 본색이 드러난다. R양이 추천한 아이스 밀크티가 특히 제격이다. 아이스 밀크티를 만드는 게 어렵다면 뜨거운 물에 찻잎을 불린 후, 작은 병에 우유를 가득 붓고 불린 찻잎을 넣어 냉장고에 하루 정도 숙성(?)시키는 우유 냉침도 추천한다. 기호에 따라 시럽을 살짝 넣어도 무방하다. 달콤한 홍차보다는 쌉싸름한 홍차자체를 즐기는 나는 우유 냉침에 따로 시럽을 넣지 않는다. 너무나 달콤하고 사실적이라 매혹적인 딸기향만큼은 즐기지만 홍차는 역시 쌉싸름한 게 제 맛이다.

이후 카렐 스트로베리 티를 자주 마시지는 못하지만 아직도 이 녀석을 보면 흐뭇한 미소가 지어진다. 은근히 귀여운 R양은 스트로베리 티처럼 달콤한 구석이 있지만 한편으로 이성적이고 침착한 모습은 또 그것의 쌉싸름함을 닮았다. 바쁜 와중에도 늘 나의 홍차 말벗이 되어 주는 R양이 그저 고마울 뿐이다.

딸기를 닮아 달콤하고 새콤한 카렐 스트로베리 티는 맑은 물빛만 보아도 설레게 만든다.

애증의 실버팟,
기발한 블렌딩의 홍차

03

홍차 4인방 중에 나를 제외한 마지막 한 명은 P양으로, 아기자기하고 예쁜 것을 좋아하고 수집하는 데 나와 코드가 비슷해서 홍차에 관련된 많은 것을 함께한다. 특히 홍차를 구입할 때는 항상 함께해서 배송비를 절약한다.

홍차를 다양하게 마시다 보면 보통 기본인 클래식 티로 돌아가는 경우가 많다. 각종 향이나 꽃잎, 허브 등이 첨가된 화려한 차들을 즐기다가 어느새 다즐링, 아쌈, 기문 등의 스트레이트 티라든지 찻잎만 블렌딩한 잉글리시 브렉퍼스트, 아이리시 브렉퍼스트 등 차 자체의 향을 즐기게 되는 것이다. 하지만 난 그런 스트레이트 티뿐만 아니라 가향차들도 고루 즐긴다. 물론 깔끔하고 깊은 향을 느낄 수 있는 클래식 홍차도 좋지만 가끔은 말도 못할 정도로 부들부들한 딸기 크림 향이 느껴지는 스트로베리 크림 티라든지 온몸이 녹아내릴 듯한 달콤함을 가진 초콜릿이나 캐러멜 티, 혹은 고소한 아몬드향을 그대로 담아낸 아몬드 크림 티 등 세상에 존재하는 모든 향기를 상상 이상의 향으로 재현해 낸 홍차를 즐기는 재미도 있다.

이렇게 다양한 향을 재현해 내기로 유명한 브랜드가 바로 일본의 실버팟Silver Pot이다. 실버팟에서는 끊임없이 신상품과 한정 홍차를 내놓아 그 속도에 발맞추기가 힘겹다. 오늘 새로 주문을 하면 내일 또 새로운 홍차가 나오고 어느새 한정 홍차가 발매되면 눈 깜짝할 사이에 품절되곤 한다. 이런 실버팟의 홍차를 대부분 맛볼 수 있는 건 바로 P양이 있기 때문이다. P양과 나는 실버팟의 모든 홍차들을 한 봉투씩 구매해 절반으로 나눠 갖는다. 어차피 계속해서

새로운 홍차가 나오기 때문에 많은 양이 필요하지 않다. 시음할 정도의 양만 있으면 된다. 새로운 홍차를 구매해서 마신 날은 꼭 전화로 재잘재잘 이야기를 나눈다. 이번 신상 홍차는 향이 별로더라, 이번 신상은 향이 끝내주더라, 이번 신상은 밀크티가 더 맛있더라…… 이런 홍차 친구가 있기 때문에 나의 홍차 경험이 더욱 풍요로워진다.

실버팟의 홍차에는 위스키, 아몬드 크림, 얼 그레이 파인애플, 사쿠라, 초콜릿 진저, 캐러멜 마론, 메이플, 바나나 캐러멜, 군고구마, 레몬 쿠키, 초콜릿 마론Chocolate Marron, 진저브레드 맨 쿠키Gingerbread man cookies, 펌킨 스파이스Pumpkin Spice 등 일일이 나열하자면 끝이 없을 정도다. 상상을 불허하는 가향 홍차의 천국이라 할 만하다. 이름만 들어도 군침이 도는 가향 홍차뿐만 아니라 스트레이트 티 역시 최고의 품질을 자랑한다. 다원 다즐링이나 닐기리 Nilgiri : 인도 남부의 고원지대에서 나오는 홍차, 하티마라 아쌈 CTCHatimara Assam CTC 등은 떨어지지 않게 구비해 둔다. 특히 동글동글한 아쌈 CTC로 된 가향차들은 밀크티로 마시기에 최고다.

화장품이나 핸드백, 구두 등의 신상이나 한정은 내게 아무런 의미가 없다. 하지만 홍차에 있어서, 특히 실버팟에서 신상과 한정은 두 눈 동그랗게 뜨고 달려갈 일이다. 나 이상으로 실버팟에 관심이 많은 P양 덕분에 매력적인 신상을 놓쳐 본 일이 거의 없다. 이 자리를 빌어 P양에게 다시 한 번 감사 인사를 전한다. 그리고 앞으로도 홍차 구매 때 우리의 파트너십을 굳게 지키자고 전하고 싶다.

Tea Recipes 04

초콜릿 밀크티

한겨울에 즐기는 달콤쌉싸름한 밀크티.
초콜릿과 밀크티를 좋아하는 사람에게 적극 추천한다.

준비하기 실론, 아쌈, 잉글리시 브렉퍼스트 등 진하게 우려 나는 밀크티용 티백 2개, 물 150ml,

우유 100ml, 청크 초코칩 2티스푼

만들기
1. 밀크팬에 티백 2개를 넣고 150ml의 뜨거운 물을 부은 후 5분 정도 진하게 우려 낸다.
2. 우러난 찻물에서 티백을 건져 내고 청크 초코칩을 넣은 다음 약한 불에서 저어 주며 녹인다.
3. 밀크팬의 내용물을 머그컵에 옮겨 담는다.
4. 따뜻하게 데운 우유에 거품을 내어 부어 준다. 기호에 따라 메이플 시럽을 더해도 좋다.

수제 다시백, 마음이 담긴 홍차

요즘에는 메뉴판에 홍차가 들어 있는 카페들을 심심치 않게 볼 수 있다. 얼 그레이, 다즐링, 잉글리시 브렉퍼스트 등 기본적인 홍차와 밀크티 정도는 웬만해서 다 갖추고 있다. 후배와 삼청동을 거닐다 우연히 발견한 카페 팔레트에서는 마카롱과 다만 프레르Dammann Freres의 홍차를 팔고 있었다. 블랙과 레드가 어우러진 고급스런 분위기의 다만 프레르. 반가운 마음에 생각할 겨를도 없이 무턱대고 들어가 쫀득쫀득한 마카롱과 다만 프레르의 홍차를 맛보았다. 티포트에는 다시백에 들어 있는 찻잎이 조용히 우러났다.

아무래도 이름이 촌스러운 '다시백'은 여러 가지 용도로 쓰이는데, 특히 작은 사이즈는 차를 우리는 데 사용한다. 빠른 시간에 진하게 우러나도록 잎을 자잘하게 패닝fanning해서 넣은 티백보다는 잎차로 우렸을 때 홍차 맛이 더 좋기 때문에 찻잎을 제대로 우려낼 시간이 없거나 혹은 회사에서 제대로 된 홍차 맛을 보고 싶을 때 이 다시백이 유용하게 쓰인다.

다시백에 찻잎을 티스푼으로 두 번 정도 가득 담고 잘 봉한 후에 끝부분을 부채처럼 모아 색색의 실로 꼬매고 스탬프나 스티커를 이용해 만든 태그를 달아 주면 자신만의 티백이 완성된다. 작은 사이즈의 지퍼백과 풀봉투로 두 번 봉하면 향도 잘 날아가지 않는다. 얼마 전까지만 해도 이런 식으로 티백을 만들어 회사에 다니는 친구들에게 선물로 보내 주기도 했다. 다시

백으로 직접 만든 수제 티백을 받은 친구들은 내 정성이 아까워 감히 마시지를 못하겠다며 연신 고마움을 표한다. 수제 티백을 마시다 다른 티백을 마시면 맛이 없다고 호들갑을 떠는 친구도 있다.

그런데 요즘은 뭐가 그리 바쁜지 도통 여유가 없다. 바쁘다는 것도 핑계겠지만 요즘은 커 가는 딸아이를 돌보느라 정신이 없기도 하다. 요즘도 다시백을 보면 티백을 직접 만들어 선물하던 시절의 여유가 그리워지는데 언젠가 딸아이와 함께 만들 날이 기다려진다.

다시백으로 만드는 수제 티백

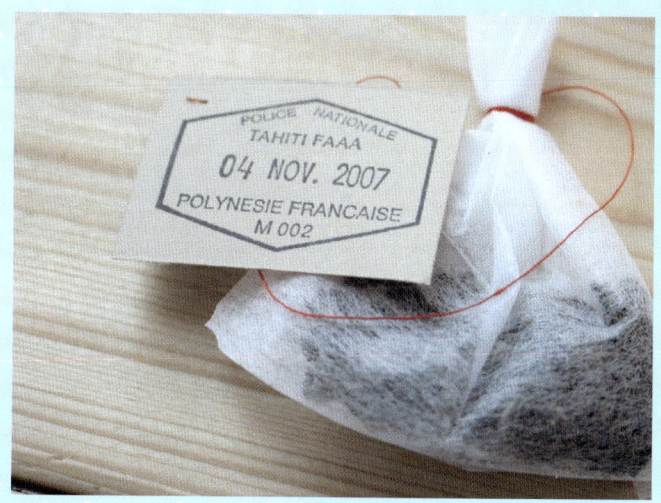

준비하기 　다시백, 홍차, 실, 바늘, 크라프트지, 스탬프, 작은 풀봉투나 지퍼백

만들기

1. 크라프트지를 적당한 크기로 잘라 스탬프를 찍는다. 스탬프를 찍은 뒷면에 홍차 정보 및 유통기한을 적는다.

2. 다시백에 2~3g의 차를 담는다. 다시백 위쪽을 부채 모양으로 접는다.

3. 부채꼴로 접은 부분에 실을 꿴 바늘을 통과시킨다. 몇 번 칭칭 감은 후에 다시 한 번 바늘을 통과시킨다.

4. 티백 꽁다리가 될 크라프트지에도 실을 통과시켜 묶는다. 완성된 티백을 미니 지퍼백이나 풀봉투에 담아 향이 날아가지 않도록 한다.

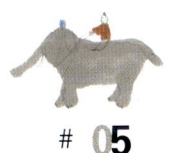

차가 있는 자리에 피어난 소소한 행복

05

나는 여느 여자들처럼 혈액형 4분법을 꽤 믿는 편이다. 그런 점에서 무엇인가에 한 번 관심을 갖기 시작하면 앞뒤 가리지 않고 푹 빠지는 나는 전형적인 B형이다. 어떤 남자가 B형이라고 하면 나쁜 남자라는 색안경을 끼고 바라보다가 그런 점에 끌릴 때도 있었다. 이런 나는 결국 B형 남자와 결혼을 했고 딸아이까지 모두 B형이다. 셋이 동시에 싸우면 집이 폭발할지도 모른다고 조심하라며 우스갯소리를 하는 친구도 있다. 그 정도로 B형은 성격이 불같고 한 번 달아오르면 끝장을 볼 정도로 뜨겁게 불타오른다. 그래도 난 B형이 좋다. 조용하지만 밋밋한 삶보다는 뜨거울 때는 확실히 뜨거운, 열정 가득한 삶이 좋다.

이런 열정은 홍차로 이어졌고 덕분에 단순히 홍차를 사서 마시는 데 만족할 수 없었다. 여유롭고 화려한 티타임도, 일하면서 갈증이 느껴져 우리는 차 한 잔도, 출출할 때 진하게 우려내는 우유가 듬뿍 들어간 밀크티도, 추운 겨울에 호호 불며 마시는 차이 한 잔도 홍차에 대한 사랑 덕분에 일상이 되었고 차를 마시는 시간만큼은 마음껏 여유와 행복을 누릴 수 있었다. 하지만 나는 여전히 새로운 것을 원하고 있다.

국내에 나와 있는 홍차에 대한 책을 섭렵하고 차 tea 나 시음 tasting에 대한 외국 서적을 구입해 읽으면서 제대로 된 학문에 대한 갈증을 느꼈다. 더 알고 싶고, 공부하고 싶고, 홍차에 대한 모든 것을 배우고 싶었다. 그렇게 해서 발을 딛게 된 곳이 바로 원광디지털대학교 차문화경영학과였다. 첫 홍차 강의를 듣기 위해 겨울바람보다 더욱 매서운 초봄의 꽃샘추위를 맞으

홍차가 있어 사람과 사람 사이가 더욱 가까워지는 듯하다.

며 강의실로 들어갔을 때 나를 반겨준 건 바로 따뜻한 홍차 향기였다. "추우시죠? 차 한 잔 하고 몸 좀 녹이세요." 나긋한 미소로 홍차를 우리는 교수님의 첫 모습은 아직도 잊을 수가 없다. 말 한마디, 몸짓 하나에서 묻어 나오는 여유에서 진정 차를 사랑하고 아끼는 마음이 느껴졌다.

홍차 수업의 휴식 시간에는 늘 차를 우린다. 골든 룰을 지켜 엄숙하게 우려내는 게 아니다. 왁자지껄 자신의 이야기를 하며 차를 우려 서로의 잔에 따라 주기도 하고 컵에 물을 부어 티백을 나누어 주기도 한다. 끓은 뒤 한참 지난 물을 부어 찻물을 희석시키기도 하고 우렸던 티백을 몇 번씩 더 우려서 마시기도 한다. 사람과의 부대낌을 위한 자연스러운 티타임은 언제나 유쾌하다. 처음에는 어색하기만 하던 서로의 얼굴에 웃음이 가득하고 오가는 눈빛에 정이 묻어난다. 일주일에 단 한 번의 만남이지만 함께 차를 마시는 사이는 각별했고, 점점 닮아가고 있었다.

일주일에 단 한 번 있는 수업시간이 무척이나 기다려진다. 차가 어떤 것인지 한 꺼풀씩 벗겨가는 재미도 있고 교수님의 다양한 경험담을 듣는 시간도 좋지만 무엇보다도 중간 휴식 시간에 나누는 잡담이 참 좋다. 손에는 막 우려 낸 따뜻한 차를 한 잔씩 들고 서로의 찻잔을 구경하며, 새로 구입한 홍차를 보여 주고, 일상의 소소한 이야기를 나누는 시간이 즐겁다. 이 수업을 듣기 위해 매주 화요일이면 강원도에서 기차를 타고 오는 아주머니도 있고 홍차를 추천해 달라며 수줍은 목소리로 전화를 걸어와 더욱 반가운 후배도 있다. 우연히 스페인어가 좋아 배운다는 선배도 알게 되었고 후배인 줄로만 알았는데 나보다 나이가 많은 것을 알고 깜짝 놀란 선배도, 블로그에 놀러와 안부글을 열심히 써 주고 가는 선배도, 결혼해서 알콩달콩 신혼 생활을 즐기는 예쁜장한 후배도 만났다.

'차'라는 공통분모를 가지고 모인 우리들이 지금 같은 뜨거운 열정을 가지고 끝까지 같은 길을 갈 수 있으면 좋겠다. 우리나라에 제대로 된 차 문화 정착에 큰 영향을 미치고, 배운 만큼 알리고 퍼트리고 가르칠 수 있기를 기원한다.

유기농 허브차,
딸과 함께하는 티타임

 # 06

우리 딸은 태어나면서부터, 아니, 뱃속에 있을 때부터 엄마와 티타임을 함께했다. 따뜻한 허브차 한 잔을 마실 때 배를 쓰다듬으며 "이건 마음을 편하게 해 주고 감기에도 효과가 있다는 캐모마일이란다." 하고 속삭이면 뱃속의 딸은 잔잔한 발길질로 응답해 줬다. 자리에 누워만 있는 신생아 시절에도, 혼자 일어나 앉을 수 있을 때도, 엄마 혼자 창가에 앉아 즐기는 티타임을 물끄러미 바라보곤 했고 기어다니면서부터는 발밑까지 기어와 바짓가랑이를 잡아당겼다. 소서Saucer에 앉아 뛰어놀다가 엄마, 아빠가 다정하게 차를 마시는 모습을 보고 미소를 보냈고 걸음마를 할 무렵부터는 엄마와 티테이블에 함께 앉아 티타임을 즐겼다. 물론 딸은 빨대컵에 우유를 담아 놓고 마셨다.

그런 우리 딸이 두 돌이 될 무렵부터는 함께 티타임을 즐긴다. 내가 마시려고 우려 둔 차를 조금 식혀 나누어 주기도 하고 간단히 티테이블에 마주앉아 차를 마시기도 한다. 테이블보를 깔고 촛불을 켜고 티푸드까지 준비해서 온갖 분위기를 다 잡고 엄마와 딸이 제대로 된 티타임을 즐기는 시간이 행복하다.

얌전히 엄마와 티타임을 즐기는 딸 기연이. 이젠 취미도 닮아 가는 모습이 사랑스럽다.

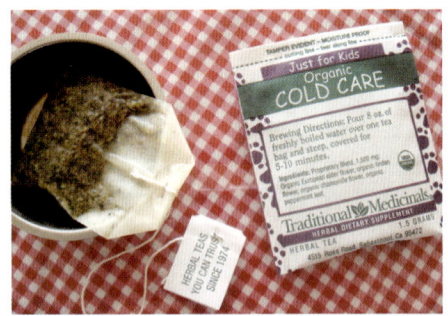

우연히 손에 넣게 된 아이를 위한 유기농 차. 우리나라에서도 이런 차가 많이 들어지면 좋겠다.

제대로 티타임을 즐길 때는 딸에게 테이블보를 고르게 한다. 뭔지 알고 고르는 것인지, 모르고 고르는 것인지 모르겠지만 색색의 패브릭을 보고 좋아하지 않을 아이는 없다. 딸이 고른 테이블보의 색이 오늘의 세팅을 결정한다. 테이블보에 어울리는 찻잔과 접시를 꺼낸다. 찻잔의 경우 고가가 많고 묵직하기 때문에 딸에게는 조금 가벼운 신지카토Shinzi Katoh의 유리 찻잔을 꺼내 준다. 내가 좋아하는 이상한 나라의 앨리스 잔은 기연이도 좋아한다. 소서가 없는 머그컵이라 도일리 페이퍼Doyley paper도 한 장 깔아 주면 "예쁘다." 하고 말하며 잔뜩 흥분한다. 차를 마신 후 자신의 컵은 반드시 도일리 위에 올려 놓는다. 깜찍하게도 그곳이 찻잔 자리라는 것을 아는 거다.

딸과의 티타임에서 빠질 수 없는 건 촛불이다. 다른 아이들처럼 촛불만 보면 생일축하 노래를 부르고 불을 끄는 재미에 빠져 있는 기연이는 티타임이 끝나면 생일축하 노래를 부르고 촛불을 끄는 것으로 마무리를 한다. 화분이나 미니어처 등의 예쁜 장식도 테이블 세팅에 한몫하는데 딸아이가 좋아하는 것은 빨간 리본을 맨 곰돌이 모양의 초다. 불은 붙이지 않고 장식용으로만 쓰는데 '곰돌이'라고 부르면서 차를 먹여 주기도 한다. 티타임에는 아이용 과자나 과일도 조금 내어 파티 분위기를 낸다. 가끔 밀크 저그Milk Jug: 홍차를 마실 때 곁들이는 우유를 담아 내기 위해 사용하는 도구에 우유를 넣어 찻잔에 부어 주기도 한다. 로네펠트의 핫초콜릿 루이보스에 우유를 타 주면 아주 좋아한다.

테이블이 세팅되면 내 옆자리에 앉아 종알종알 수다거리를 늘어 놓는다. 어린이집에서 누가 괴롭혔다는 둥, 무얼 하고 놀았다는 둥 묻는 말에 척척 대답한다. 말하는 중간 중간 혹시나 촛불이 꺼졌을까 꼭 한 번씩 쳐다본다. 촛불을 불어서 끄는 것은 딸의 티타임에서 가장 중요한 의식이다. 이렇게 티타임을 가지면서 가장 즐거운 것은 딸과 눈을 마주칠 시간이 늘었다는 것이다. 아이가 좋아하고 다양한 경험을 할 수 있으며, 차를 즐길 수 있다는 것은 부수적인 것이다. 따끈한 차를 마시는 동안 서로에게 집중할 수 있다는 것이 무엇보다 소중하다.

루이보스차나 허브차의 경우 카페인이 없고 몸에 좋은 성분이 들어 있기 때문에 아이에게 해로울 것이 없다. 실제로 외국에서는 어릴 때부터 허브차나 루이보스차를 먹이기도 한다. 아이를 위한 순한 유기농 허브차를 팔기도 하는데 처음에는 혹시나 하는 마음에 유기농 허브차를 위주로 우렸다. 마셔 본 결과 대개 유기농은 일반 허브차보다 부드럽고 깔끔하다.

딸이 가장 좋아하는 차는 아마드의 페퍼민트 앤 레몬Peppermint & Lemon이다. 나는 민트를 워낙 좋아해서 상관없지만 페퍼민트치고 무척 부드럽고 순해서 민트향을 좋아하지 않는 사람도 쉽게 접할 수 있다. 기연이의 경우에도 다른 페퍼민트차는 화한 느낌이 강한지 거부하는데 이 녀석만큼은 꿀떡꿀떡 잘도 넘긴다. 레몬향까지 은은하게 느껴져 기분이 상큼해진다.

아이와 뭘 하고 놀아야 할지 고민된다는 엄마들이 많다. 내가 해 주고 싶은 말은 그냥 일상을 즐기라는 것이다. 설거지를 할 때도, 밥을 할 때도, 씨앗을 심을 때도, 차를 마실 때도……. 조금만 고민하면 모든 게 놀이의 소재가 될 수 있다. 어질러지고 천이 더러워지고 접시가 깨지는 것을 걱정하지 말라. 어질러지면 치우고, 더러워지면 빨고, 깨지면 다시 사면 그만이다. 아이와 제대로 재미있게 놀아 주려면 뭐든 허용하고 받아 주는 여유가 필요하다. 뱃속에 있을 때부터 시작된 딸 기연이의 즐거운 티타임은 언제나 현재 진행형이다.

티코스터 만들기,
티웨어 이야기

07

나는 바느질을 좋아한다. 그렇다고 잘하는 건 아니다. 그저 좋아할 뿐이다. 바느질을 잘한다고 말할 수는 없지만 좋아한다고는 당당하게 말할 수 있다. 오랫동안 쉬었던 바느질과 뜨개질을 다시 시작한 건 임신했을 때다. 태교에 좋고 임산부의 정서 안정에도 좋다고 해서 한창 열을 올리며 배냇저고리와 아기 장난감을 만들었는데 그러던 중 홍차에 빠지게 되면서 눈에 들어온 것이 바로 티웨어다.

알록달록 깜찍한 무늬부터 레이스가 달린 화려한 패브릭, 귀여운 땡땡이 무늬에 세련된 체크 무늬, 여성스럽기 그지 없는 꽃무늬까지. 색색의 패브릭은 보기만 해도 감탄이 터져 나온다. 그런 패브릭으로 예쁜 티코스터와 티매트, 티코지를 만들어 놓으면 눈이 휘둥그레진다. 세상에는 손재주가 좋은 사람이 많아 이런 걸 만들어 팔기도 하는데 내 솜씨로 파는 건 무리지만 언제부터인가 직접 만들어보고 싶다는 욕심이 생겼다.

바늘과 실을 잡아 본 게 얼마 만인지. 고등학교 가사 시간에 배웠던 기억을 더듬어 한 땀 한 땀 정성껏 박음질을 해 나갔다. 의외로 뚝딱 간단하게 만들어진 티코스터를 보고 혼자 감탄사를 연발한다. 가로세로 각 7cm의 작은 녀석을 완성해 놓고 어찌나 뿌듯하던지. 내가 만든 티코스터를 쓰고 싶어서 일부러 며칠 동안 머그컵에 티백만 우려 마시기도 했다. 그러다 자신감이 붙자 티매트도 만들고 미니재봉틀도 하나 마련했다. 요즘에는 미니재봉틀도 제법 그럴싸하게 나와서 간단한 소품도 문제없다.

미니재봉틀로 '드르르륵' 박으면 티코스터나 티매트도 눈 깜빡할 사이에 완성된다. 가끔 친구들에게 주기 위해 여러 개를 만들 때는 재봉틀을 돌리지만 대부분 손바느질할 때가 많다. 햇살 좋은 날 창가의 흔들의자에 앉아 향긋한 차 한 잔을 마시며 꼼지락꼼지락 손가락을 움직일 때면 온몸의 긴장이 풀리고 정신이 맑아진다. 내가 좋아하는 타샤 튜더 Tasha Tudor 할머니도 생각나고 왠지 종달새 한 마리가 날아들 것 같은 기분마저 든다. 실제로 바느질같이 손가락을 움직이는 일에 몰두하게 되면 마음이 편안해지고 온몸의 긴장이 이완되는 효과를 얻는다고 한다. 아무튼 차 한 잔과 바느질거리만 있으면 기분이 좋아지는 건 사실이다.

요즘도 가끔 흔들의자에 앉아 바느질을 하는데 주로 혼자 있는 시간이 많지만 딸 기연이가 혼자만의 놀이에 몰두하고 있을 때 주섬주섬 바느질거리를 꺼내들 때도 있다. 바느질에 한창 집중하고 있다가 눈을 들어 보면 어느 새 기연이가 의자 옆에 서서 신기한 듯이 빤히 쳐다보고 있다. 완성한 티코스터를 하나 줬더니 폴짝폴짝 뛰며 좋아라 한다. "이건 기연이 거야!" 하고 말하면서 품에 꼬옥 안고 다닌다. 바느질을 방해하지 않는 어린 딸이 참 대견스럽다. 나중에 우리 딸도 이런 슬로&셀프 slow & self 문화를 마음껏 즐겼으면 하는 바람이다. 어디서도 가질 수 없는 정서적인 여유를 만끽할 수 있는 시간은 정말 값지고 소중하기 때문이다.

많은 사람이 차 한 잔의 여유를 부러워하고 누리고 싶어 한다. 자신을 돌아 볼 수 있는 느리고 조용한 시간이 있어야 심적으로 안정되고 정서적으로 풍요로워지기 때문이다. 차를 즐기는 사람이라면 더욱 티코스터를 직접 만들어 보라고 권하고 싶다. 바느질이든, 코바느질이든, 대바느질이든 상관 없다. 자신의 티타임을 위한 '티웨어 직접 만들기'는 그 무엇보다도 짜릿한 경험이 될 것이다. 단, 이것도 은근히 중독성이 강하니 조심할 것.

내가 만든 귀여운 티웨어

친구와 이웃님들이 만들어 준 티코스터

준비하기 가로세로로 각 12cm 패브릭 2장, 실, 바늘, 시침핀

만들기

1. 가로세로가 각 12cm인 정사각형 패브릭을 두 장 준비한다.

2. 1cm 안쪽으로 시접선을 긋고 겉면을 마주 보게 한 후 시침핀으로 고정한다.

3. 창구멍 5cm 정도를 빼고 사방을 박음질한다. 모서리 끝은 사진처럼 처리해 주면 뒤집었을 때 깔끔하다.

4. 라벨을 달고 싶으면 천 두 장 사이에 라벨을 끼워 넣고 함께 박음질을 한다.

5. 창구멍으로 뒤집는다. 공그르기로 창구멍을 막는다. 다리미로 다려서 마무리한다.

패브릭 등 바느질 관련 용품 구입처 네스홈 http://www.nesshome.com

쥬뗌므,
사랑보다 달콤한 홍차

08

누구에게나 가슴 저린 첫사랑의 추억이 있을 것이다. 아무것도 모르는 철없던 시절 두근거리는 가슴으로 먼발치에서 바라보던, 차마 가까이 접근하지도 못했던 애타는 사랑. 하지만 세상 그 어떤 사랑보다도 달콤한 추억으로 기억되는 첫사랑. 내 기억에 존재하는 '첫사랑'은 초등학교 4학년 때였다. 사랑이라고 하기에는 너무 순수했던 풋사랑이지만 중학교에 들어간후에도 계속되었던 나의 애타는 마음은 짝사랑이자 첫사랑으로 기억된다.

같은 반 짝꿍이었던 그 애는 잘생기고 귀여워서 인기가 많았다. 공부도 잘해서 반장을 도맡아 했고 심성도 착하기 그지없었다. 운 좋게도 그 애는 나와 함께 성당에 다니던 터라 나름 꽤친해질 수 있었다. 그저 바라만 보아도 좋다는 말은 이럴 때 쓰는 말일 것이다. 뭘 해도 멋져보이고 좋아 보이던 그 애에게 발렌타인데이의 힘을 빌려 초콜릿을 내밀었다. 워낙 많은 아이들이 그 애에게 초콜릿을 건넨 터라 난 짝꿍이었음에도 일부러 그 애의 집 앞까지 찾아가초콜릿을 전해 줬던 것 같다. 집에서 키우던 강아지를 산책시키다 들렀다는 명목 하에 부끄러운 마음을 감추려 했던 기억도 어렴풋이 난다. 참 예쁘고 순수했던 시절의 이야기다.

마실 때마다 '사랑'이 떠오르는 차가 있다. 'I Love You'도 아니고 'Te quiero'도 아니고 '워 아이 니'도 아닌 바로 쥬뗌므 Je t'aime, 프랑스어로 '사랑해'라는 뜻의 홍차다. 프랑스가 아련한 동경의 대상이 된다는 말은 앞서 했지만 홍차 이름조차도 영어, 독일어, 스페인어도 아닌 프랑스어로 된 것은 왠지 모르게 떨리는 감동으로 와 닿는다. 이름부터 사랑이 폴폴 묻어 나는 니나스 Nina's의 쥬뗌므는 찻잎에 캐러멜향이 진하게 녹아 있는 달콤한 향의 홍차로, 홍차 애호가 사이에는 이미 널리 알려져 있다.

강렬한 빨간색의 틴이 매력적인 니나스는 프랑스 브랜드로, 찻잎에서 프랑스 특유의 향이 강하게 묻어난다. 홍차를 사랑하는 지인이 홍차를 마실 때는 차가 아니라 향수를 마시는 듯한 기분이 든다고 말할 때마다 니나스의 빨간색 틴이 떠오른다. 쥬뗌므는 니나스 중에서 가장 먼저 구입했던 홍차로, 눈을 뗄 수 없을 정도로 강렬한 빨간색 틴을 열었을 때의 감흥이 아직도 생생하다. 온몸이 녹아내릴 듯 달콤한 캐러멜향이 코를 찔러 정신이 아찔할 지경이었다. 찻잎을 꺼내 아작아작 씹어 먹으면 마치 캐러멜을 녹여 먹는 듯한 기분이 들 것 같았다. 찻물을 끓여 차를 우려내는 내내 향긋한 통에서 코를 떼지 못했다.

드디어 우러난 차를 찻잔에 쪼르륵 따르고 또 다시 한참 동안 향을 음미했다. 아까보다는 훨씬 부드러웠지만 여전히 달콤하고 나긋나긋한 향은 정말 사랑스러웠다. 사랑의 달콤한 속삭임을 표현했으리라 미뤄 짐작할 수 있는 이 차는 그야말로 '사랑'을 위한 차다. 서로에게 푹 빠진 연인이 마주 보고 앉아서 마시면 좋을 것 같다. 스트레이트로도 좋지만 진하게 우려 설탕을 듬뿍 넣고 달콤한 밀크티로 즐기면 한층 부드러운 매력을 느낄 수 있다.

니나스의 쥬뗌므를 마실 때면 풋풋해서 더없이 달콤했던 첫사랑의 추억이 떠오른다. 남편과 함께 이 차를 마실 때도 사정없이 첫사랑의 추억을 떠올릴 수 있는 건 그 첫사랑이 지금 내 곁에 있기 때문이다. 중학교 이후로 연락이 끊겼던 나의 첫사랑은 성인이 된 후 동창회에서 다시 만나 순수했던 첫사랑에서 실제 연인으로 발전했다. 그리고 결국 결혼에 골인해 지금은 딸 하나를 둔 엄마, 아빠가 되었다.

추억 속에서 더없이 순수하고 예쁘기만 한 첫사랑이 실제 사랑이 되면 어떤지 묻고 싶을 것이다. 쥬뗌므를 마셨을 때의 느낌을 아직 말하지 않은 것 같다. 진득진득한 캐러멜향이 진하게 묻어 나는 쥬뗌므는 달콤하면서 쌉싸름하다. 쌉싸름한 홍차의 맛과 달콤한 향이 어우러진 최고의 마리아주. 첫사랑과의 결혼도 그렇다. 한없이 달콤하기만 한 사랑은 언젠가 질리는 날이 온다. 달콤하면서도 쌉싸름한 사랑이야말로 그 매력과 묘미가 한층 더해지지 않을까? 그래서 나는 쥬뗌므가 좋다. 때론 원수 같지만 그래도 세상에서 제일 사랑하는 나의 첫사랑과 함께 마시는 쥬뗌므는 더욱 그렇다.

Tea Recipes 05

동남아식 연유 밀크티

동남아에서는 달콤하고 진한 연유 밀크티를 마신다.
피로회복에 좋은 달달한 연유 밀크티 한 잔으로 기운을 북돋워 보자.

준비하기 실론 티백 2개 혹은 찻잎 5g, 연유 3티스푼, 물 200ml

만들기 1. 200ml의 물을 팔팔 끓여서 찻잎 또는 티백을 3~5분 정도 우린다.

2. 잔 바닥에 연유를 듬뿍 담는다. 취향에 따라 양을 조절한다.

3. 그러데이션이 생기도록 우려 낸 찻물을 살살 부어 준 후 마실 때 잘 저
어서 마신다.

캐모마일과 꿀, 추억을 부르는 주문

09

영화 〈비포 선셋〉의 한 장면이다. 전형적인 프랑스의 느낌이 물씬 묻어 나오는 셀린의 아파트에서 셀린은 기타를 치며 노래를 하고 제시는 애슐리 심슨Ashlee Nicole Simpson의 노래를 따라 부른다. 낭만적인 둘만의 시간에 캐모마일이 등장한다. 셀린은 제시에게 한 잔의 캐모마일을 건넨다. 제시의 요구대로 꿀을 탄 캐모마일이다.

9년 만에 재회한 셀린과 제시가 둘만의 공간에서 함께하는 장면에 등장하는 것은 다름 아닌 캐모마일이다. 나는 그 장면에서 그들의 대화보다 손에 들려 있는 머그컵에 담긴 캐모마일이 궁금했다. 캐모마일에 꿀을 타서 마신다고도 들었지만 제시 역을 맡은 에단 호크Ethan Green Hawke가 캐모마일에 꿀을 타서 마시자 그 맛이 더욱 궁금해졌다. 줄리 델피Julie Delpy도 내가 좋아하는 캐모마일을 마신다는 사실에 괜히 어깨가 으쓱해졌다.

영화나 드라마를 번역하는 일을 하고 있기 때문에 이처럼 영화 속에 등장하는 티타임을 자주 발견하곤 한다. 영국을 배경으로 한 영화에는 어김없이 차와 티타임이 등장한다. 하지만 영화 〈비포 선셋〉의 캐모마일 한 잔은 오래도록 잊혀지지 않는다. 스치듯이 지나갔지만 그 향이 화면 밖으로 전해지는 것 같았다. 캐모마일의 향과 함께 아련한 옛 추억이 떠올랐다.

스페인 마드리드에서 어학 연수를 하는 동안 가장 많이 즐긴 차가 까페 꼰 레체cafe con leche다. 흔히 말하는 까페라떼라고 할 수도 있지만 스페인의 까페 꼰 레체는 까페라떼와는 또 다르다. 큰 머그컵 대신 앙증맞은 작은 잔에 진한 에스프레소와 또 그만큼 진하고 부드러운 거품이 얹혀 있는 우유를 부어 준다. 탁 트인 광장에서 뜨거운 햇살을 즐기며, 혹은 바쁜 아침에 살구잼을 곁들인 잘 익은 토스트와 함께 마시는 까페 꼰 레체는 아직도 진한 추억으로 남아 있다.

그리고 또 한 가지가 바로 캐모마일이다. 어학 연수 코스를 마친 후 두 달 정도는 스페인 국립 대학의 학생과 프리 토킹 수업을 했다. 당시 나를 '소녀'라고 불렀던 일종의 과외 선생님은 스페인 대학생의 현 주소와 어학 연수생으로서는 알 수 없는 생생한 그들의 문화를 전해 주었다. 선생님의 이름은 흔해서 잊혀지지 않는 '마리아'였다. 한국에 돌아가기 며칠 전 마지막 수업날, 마리아는 사과꽃 그림이 그려진 티백 상자를 선물로 가져왔다. 커피를 좋아한다고 했지만 이 차를 꼭 한 번 맛봤으면 좋겠다며, 얼마 남지 않은 스페인에서의 밤을 이 차와 함께 보내라고 했다. 머그컵 가득 차를 우려 꿀이나 설탕을 넣어서 마시면 참 좋다며 마음이 따뜻해지는 차라고, 눈을 찡긋해 보였다. 그녀 덕분에 스페인에서의 남은 밤이 무척이나 따뜻했다.

지금도 캐모마일을 마시면 나를 '소녀'라고 부르던 순박하고 훈훈한 마음씨의 마리아가 떠오른다. 한동안 만사니야^{캐모마일의 스페인어 표현}와 캐모마일이 같은 차라는 것을 모르고 만사니야를 찾아 헤맸던 기억도 있다. 캐모마일이라고 적힌 차를 마셔도 비슷하다는 생각은 했지만 그때의 그 마음까지 따뜻해지는 맛이 나지 않아 뭔가 빠진 만사니야라는 말을 하곤 한다. 만사니야는 캐모마일이지만, 그때의 그 만사니야는 만사니야일 뿐이라고.

영화 〈비포 선셋〉을 보며 나를 '소녀'라 부르던 마리아의 귀여운 목소리와 표정이 떠올랐다. 그리고 아련한 추억을 헤매다가 오랜만에 머그컵 가득 캐모마일을 우려 꿀을 넣어 보았다. 꿀을 넣은 캐모마일 한 잔으로 10년을 거슬러 스페인의 그 아득한 공간에 있는 날 발견한다. 추억이 담긴 차는 언제나 특별하다.

애프터눈 티 세트와 여자들의 수다

샌드위치, 스콘, 각종 케이크가 가득 담긴 3단 트레이를 앞에 두고 쉼 없이 재잘거린다. 티포트에 물이 떨어지면 따뜻한 물을 더하고 차를 쪼르륵 따른 후 또 다시 화제에 몰입한다. 입에서 살살 녹는 각종 빵과 케이크, 편하게 기댈 수 있는 의자 그리고 코드가 잘 맞는 친구 한 명. 이보다 행복할 수는 없다.

애프터눈 티 세트는 애인이나 남편보다는 죽이 잘 맞는 여자 친구끼리 즐기는 것이 훨씬 더 즐겁다. 아무리 배가 불러도 달콤한 케이크나 부드러운 슈크림, 크림치즈를 바른 담백한 스콘과 아삭아삭 오이가 들어간 샌드위치가 들어갈 배는 따로 있는 여자들끼리 우아하게 홍차 한 잔을 곁들여 보라. 자주는 아니더라도 가끔은 친구를 만나 애프터눈 티 세트를 먹으러 가는데 친구도 나도 무척이나 만족스러운 시간이다.

영국 사람은 하루에 7~8번의 티타임을 가진다고 한다. 아침에 일어나자마자 침대에서 마시는 얼리 모닝 티early morning tea, 아침식사와 함께 하는 브렉퍼스트 티breakfast tea, 11시경에 마신다고 해서 붙은 일레븐시즈Elevenses, 귀족 문화에서 발전되어 화려한 티타임을 자랑하는 애프터눈 티Afternoon Tea, 저녁식사에 곁들이고 고기가 함께 나온다고 해서 미트 티Meat Tea라고도 불리는 하이 티High Tea, 식사 후에 알코올을 곁들여 즐기는 애프터 디너 티After Dinner Tea, 자기 전에 즐기는 나이트 티Night Tea가 그것이다. 현대에는 이런 티타임이 많이 간소화되었다고 하지만 지금도 차가 없는 영국 생활은 상상할 수 없을 정도다. 이런 영국의 홍차 문화를 발전시키는 데 가장 큰 공헌을 한 것이 바로 애프터눈 티다.

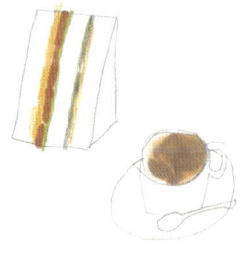

보기만 해도 행복해지는 애프터눈 티 세트와 홍차만 있으면
여자들의 즐거운 수다 준비가 완료된다.

홍차는 차만 마셔도 되지만 배가 출출할 때 빵이나 쿠키 같은 티푸드와 함께 곁들여도 좋다.

애프터눈 티는 베드포드가의 공작부인인 안나가 점심과 저녁 사이의 출출함을 달래기 위해 시작한 작은 티타임에서 탄생하여 상류층 귀부인들 사이에서 크게 유행하며 정착되었다. 상류층은 사교의 장으로서 애프터눈 티를 활용했고 그로 인해 화려한 테이블세팅과 도자기류가 함께 발전했다. 애프터눈 티 역시 '여자끼리'의 티타임으로 시작했다. 예쁜 상차림과 아기자기한 다구는 아무래도 여자들의 취향에 더 맞는 것 같다. 몇 잔이나 마신 줄도 모르고 주제를 바꿔 가며 쉼 없이 떠드는 것 역시 여자끼리가 더 유쾌하다.

상류층에만 국한되던 애프터눈 티가 대중화되면서 노동자층은 실질적으로 저녁과 함께 즐기는 티타임을 갖게 되었고 이를 하이 티High Tea라 부른다. 애프터눈 티는 다른 이름으로 로 티Low Tea라 부르는데 이는 티타임에 사용하던 테이블의 높이에서 비롯했다고 한다. 애프터눈 티타임에는 높이가 낮은 간이 테이블이 사용되었기 때문에 로 티라 부르고 노동자층의 저녁과 함께 곁들이는 티타임은 일반 식탁에서 이루어졌기 때문에 하이 티라 부른다.

화려한 테이블세팅과 멋진 찻잔 그리고 3단 트레이는 동서양을 막론하고 모든 여자들의 로망이다. 영국 영화에서 언뜻 볼 수 있는 티타임은 환상적이다. 유럽이나 홍콩, 일본 등에서는 이미 쉽게 접할 수 있는 애프터눈 티 문화는 이제 우리 나라에서도 어렵지 않게 만나 볼 수 있다. 우리나라에서도 이제 제법 애프터눈 티 세트를 쉽게 찾아볼 수 있는데 특히 삼성역에 위치한 파크 하야트 호텔을 비롯해 롯데백화점의 살롱 드 떼와 대학로 느린 달팽이의 사랑, 가로수길의 더 애프터눈The Afternoon 그리고 신촌의 티캐디를 추천한다. 특별한 애프터눈 티를 만나 보고 싶다면 삼청동의 사루비아 다방과 효자동의 살롱 드 떼도 좋다. 이제 애프터눈 티 세트는 차 전문 카페에서는 심심치 않게 만나 볼 수 있다.

가끔 우아한 귀부인이 되고 싶을 때, 혹은 색다른 문화를 즐겨 보고 싶을 때, 아니면 그저 배부른 먹을거리와 따뜻한 차가 필요할 때 애프터눈 티 세트를 즐겨 보라. 케이크와 커피 세트보다 훨씬 푸짐하고 가격도 생각보다 착하다. 애프터눈 티 세트 하나에 차 한 잔 더 추가해서 둘이 즐긴다면 배부르게 먹을 수 있다. 단, 애프터눈 티를 제대로 즐기고 싶다면 여자 친구끼리 가라. 애인보다는 여자끼리가 훨씬 더 유쾌하다.

루피시아 브랜드의 향긋한 우롱차

11

우롱이라고 하면 왠지 모르게 할머니, 할아버지가 떠오른다. 나만 그런 건지 모르겠지만 처음 우롱차를 마시려고 폼을 잡았을 때 그랬다. 왠지 나이를 훌쩍 먹은 듯한 기분이랄까. 그런 우롱차에 대한 편견을 완전히 바꿔 놓은 것이 바로 '루피시아Lupicia'라는 일본 브랜드다.

우리나라에 입점했다가 지난 2009년 안타깝게도 폐점해 버린 루피시아는 아기자기하고 귀여운 맛의 홍차와 상상을 초월하는 우롱차로 유명하다. 바로 복숭아, 리치, 파인애플, 멜론, 망고, 머스캣 등 다양한 과일을 가향한 우롱차다. 큼직하고 시꺼먼 우롱차 잎을 우리면 그 안에서 달콤하고 매혹적인 과일향이 솔솔 올라 온다. 이런 차를 대접하면 열이면 열, 이런 우롱차가 있느냐며 놀라워한다. 깔끔하고 부드러운 우롱차와 과일은 참 잘 어울린다. 따뜻하게도, 혹은 시원하게도 좋다. 생수병에 우롱차를 두어 스푼 넣고 냉장고에 하루 정도 넣어 둔 후에 잎을 걸러 마셔 보라. 얼음 몇 개 동동 띄우면 여름철 음료로도 제격이다.

이렇게 우롱차의 매력에 빠져 있을 때 작은 모임에 나간 적이 있다. 차를 사랑하는 다섯 명의 여대생이 모여 만든 따스하고 아담한 '여우야'. 이곳은 중국차를 배우고 즐기며 그 속에서 사람과의 인연을 찾아가는 모임이다. 신촌에 있는 민들레 영토에 무거운 차판과 각종 도구들을 끙끙거리며 들고 와서 평소 만나기 힘든 각종 중국차를 우리는 그녀들의 모습은 한 편의 시와 같았다. 생전 처음 보는 사람과 차를 한 잔씩 마시며 나누는 담소는 처음에는 어색한 감이 있었지만 금세 훈훈해졌다.

루피시아의 과일 가향 우롱차 외에도 '여우야'의 카페지기인 Y양 덕분에 푹 빠지게 된 차가 바로 봉황단총이다. 차나무의 한 종류인 봉황단총은 중국의 우롱차로 그 훌륭한 품질과 향 때문에 잘 알려져 있다. 잘 익은 파인애플을 닮은 듯한 이 차는 단내를 머금고 있어 부드럽고 은은하다. 섬세하고 달콤한 그 맛을 한 번 본 사람이라면 빠지지 않을 수 없으리라. 한 통을 선물 받았는데 며칠을 내리 이 녀석만 마셨더니 눈 깜빡할 사이에 바닥을 보였다. 길죽한 찻잎과 봉황단총의 그윽한 향을 맡으면 언제나 가슴이 설렌다.

성격상 어떤 카페나 모임에 꾸준히 참여하지 못하는 편인데 그래도 '여우야' 카페는 마음이 허하거나 위로받고 싶을 때, 혹은 그저 편안한 휴식처가 필요할 때 종종 찾는다. 많은 흔적을 남기지는 않지만 그녀들이 올려 놓은 사진과 글, 차를 보면 알게 모르게 위로가 된다. 마치 신촌의 민들레 영토에서 그랬던 것처럼, 정성스럽게 우려진 차를 한 잔 대접받는 기분이랄까. 말하지 않아도 차 한 잔으로 내 마음을 이해해 주는 나만의 안식처다.

차는 무궁무진하다. 우리가 흔히 마시는 녹차도 그렇고 점점 보급화되는 홍차도 그렇다. 봉 황딘총 같은 우롱차도 알고 보면 종류가 다양하고 새내로 마시면 그 매력에 빠지시 않을 수 없다. 골라 먹는 재미를 강조하는 요즘 세상에, 유독 마실 것만은 인스턴트 커피와 현미 녹차, 단 두 개만 아는 많은 사람이 이 세상에 존재하는 수많은 차를 접해 보면 좋겠다. 심지어 차를 파는 가게에서도 종업원에게 이게 무슨 홍차냐고 물으면 홍차가 그냥 홍차지 무슨 홍차가 어 디 있냐는 답이 돌아오니 할 말 다했다.

'여우야' 카페는 나를 홍차의 세계로 인도한 오렌지 페코와 달리 소규모지만 따스한 정이 넘 친다. 차에 조금이라도 관심이 있거나 대체 어떤 차가 있는지 한 번 보고 싶다면 오렌지 페코 를, 차가 지닌 문화와 마음을 알고 싶거나 사람의 정情에 굶주려 있다면 여우야 카페를 꼭 한 번 들러 보라. 지금까지 한 번도 듣지도 보지도 못한 새로운 세상을 접하게 될 것이다.

여우야 카페
cafe.naver.com/youyatea

떼오도르, 반하지 않을 수 없는 유혹

"어머, 이거 너무 맛있다. 어디 차야?" 차를 좀 아는 친구가 물었다. 떼오도르, 프랑스 브랜드라는 설명에 친구가 답한다. "정말? 프랑스 브랜드라고?" 믿을 수 없다는 표정의 친구는 그 후 우리 집에 올 때마다 '떼오도르'를 찾는다.

프랑스의 차들은 하나같이 화려하다. 뭐라고 딱 꼬집어 말할 수 없는 프랑스다운 향이 넘치고 도도함이 묻어 나온다. 마리아쥬 프레르와 포숑, 니나스가 그렇다. 화려하고 고급스러운 틴에서부터 그 매력이 물씬 풍겨 나온다. 하지만 그런 편견을 가차 없이 깨 주는 브랜드가 하나 있으니 바로 떼오도르The O Dor다.

떼오도르는 다른 브랜드에 비하면 역사가 굉장히 짧다. 하지만 탄탄한 테이스팅 기술과 차에 대한 사랑으로 짧은 시간에 차 시장을 석권해 명성을 떨치고 있다. 차를 파는 카페가 점점 늘어나고 있는 우리나라에서도 마리아쥬 프레르나 포숑의 차들은 어렵지 않게 만나 볼 수 있지만 떼오도르를 파는 곳은 한 군데도 없을 정도로 알려지지 않은 브랜드다. 마리아쥬의 판매 리스트를 보고 이렇게 다양한 차를 만들어 낸다는 사실에 기겁한 적이 있었는데 떼오도르도 만만치 않다. 홍차는 기본이고 일본 녹차, 중국 녹차, 루이보스차 등의 다양한 차 종류와 수많은 블렌딩으로 매일 새로운 차를 탄생시킨다.

떼오도르는 프랑스어로 차, 물, 금이라는 뜻이다. 말 그대로 물로 차를 우려내어 금을 만들어 낸다는 뜻인데 잘 우려 낸 홍차가 황금색을 띠고 있다고 해서 붙은 이름이다. 떼오도르를 만든 기욤 를뢰Guillaume Leleu의 차에 대한 열정은 그 누구에게도 비할 수 없을 정도라고 한다.

Merci ça va?

떼오도르의 차는 상상을 초월한다. 차에 다양한 향을 더해 즐기는 것을 좋아하는 프랑스인답게 온갖 꽃과 향신료, 과일향 등을 더해 세련되고 화려한 차를 만들어 낸다. 떼오도르의 차를 개봉할 때는 언제나 가슴이 두근거린다. 이 차는 어떤 블렌딩일지, 어떤 향이 들어 있고 어떤 이야기가 담겨 있을지 궁금해진다. 떼오도르는 단 한 번도 실망을 안겨 준 적이 없다. 환상적이고 멋진 블렌딩으로 시각과 후각, 미각을 동시에 충족시켜 준다. 하지만 무엇보다도 떼오도르의 차에서는 무던함과 성실함이 묻어 나온다. 맛도 향도 프랑스 특유의 도도함보다는 은은한 멋이 느껴진다. 또 하나 떼오도르가 친근하게 느껴지는 건 그들만의 오리엔탈리즘 덕분이다. 물론 대부분이 중국이나 일본의 문화를 묘사하고 있긴 하지만 동양의 매력에 흠뻑 빠진 듯한 각종 틴과 도구들은 보고만 있어도 흐뭇해진다.

이렇게 떼오도르에 대해 자세히 알 수 있었던 건 떼오도르 수출 부서에 있던 자크Jacques 덕분이다. 떼오도르에 대해 소개하는 글을 쓰고 싶은데 정보가 없어서 떼오도르에 혹시 관련 자료를 보내줄 수 있냐는 메일을 썼더니 친절하고 꼼꼼한 답변을 받을 수 있었다. 자크는 이후로도 가끔 안부 메일과 업데이트가 된 자료를 보내주는 등 보통 유럽인들에게 기대할 수 있는 그 이상의 친절을 베풀어 줬다. 이제 프랑스에 가게 되면 1순위로 꼭 들르고픈 곳이 바로 떼오도르의 매장이 되었다.

떼오도르는 홍차 친구와 함께 대부분의 라인을 구매해서 마셔 봤는데 굉장히 종류가 다양한데도 불구하고 각각의 개성이 또렷하고 클래식 라인 역시 품질이 좋다. 시음한 이후에는 더욱 신뢰감이 가는 브랜드 떼오도르. 얼굴 한 번 본 적 없지만 따스하게 대해 줬던 자크 덕분에 괜시리 더 애착이 간다.

떼오도르는 오랜만에 만나도 마치 어제 만난 것 같은 친구와 함께 마시고 싶은 차다. 예전부터 지금까지 꾸준히 마셨지만 매번 마실 때마다 새로운 차, 차를 사랑하는 마음이 고스란히 담겨져 있는, 역사와 전통을 자랑하는 그런 차들과는 또 다른 새로움이 있다. 기회가 된다면 꼭 좋은 친구와 함께 마셔 보길 권한다.

Tea Recipes 06

시원달콤한 아이스티

간단하고 시원하게 만들 수 있는 아이스티.
더운 여름날 지친 몸에 활력을 불어넣어 줄 것이다.

준비하기 | 딤불라 혹은 다른 홍찻잎 6g, 물 300ml, 설탕 2티스푼 혹은 시럽

만들기

1. 실론 딤불라는 스리랑카 남서부 고원지대에 위치한 딤불라 지역에서 나는 홍차로
   홍차가 급속히 차가워질 때 우유처럼 탁하게 되는 현상인 백탁현상, 즉 크림다운
   (Cream Down) 현상이 쉽게 일어나지 않아 아이스티를 만들 때 많이 사용한다.

2. 뜨거운 물 300ml에 찻잎 6g을 넣고 3~4분 정도 두어 진하게 우린다. 우리는 시간은
   평소와 같이 하되 평소보다 찻잎의 양을 두 배로 써서 진하게 우리는 것이 포인트다.

3. 시럽이 없다면 2에 설탕을 넣어 녹인 후 얼음을 담은 저그에 재빨리 부어 급냉시킨
   다. 이때 재빨리 붓지 않으면 크림다운 현상이 일어나기 쉽다.

4. 앞서 설탕을 넣지 않거나 기호에 따라 시럽을 첨가한다. 잔에 따라 내어 민트 잎으로
   장식한다.

초보자를 위한 추천 차

홍차를 처음 마시는 사람은 떫은맛에 무척 놀란다.
최근에는 떫은맛을 엷게 하고 다른 맛과 향을 첨가해 좀 더 부담 없이 마실 수 있게 되었다.
홍차를 처음 경험하는 사람에게 좋은 차를 소개한다.

1. 아마드, 스트로베리 Ahmad-Strawberry 달콤한 딸기향이 매혹적인 홍차. 개인의 취향에 따라 다르지만 딸기 가향 중에서 가장 마음에 든다.

2. 셀레셜 시즈닝즈, 슬리피 타임 Celestial Seasonings-Sleepy Time 캐모마일과 민트 등의 허브가 총 집합된 허브차. 건강에도 좋고 향이 강하지 않아 캐모마일이나 민트를 마시지 못하는 사람도 슬리피 타임은 무난하게 잘 넘긴다.

3. 딜마, 캐러멜 Dilmah-Caramel 캐러멜 가향 중에서 최고로 손꼽을 수 있는 홍차. 먹음직스러운 티백의 캐러멜 그림이 인상적이다. 스트레이트나 밀크티 모두에 잘 어울린다.

4. 하니 앤 손스, 핫시나몬 스파이스 Harney & Sons-Hot Cinnamon Spice 수정과를 좋아한다면 핫시나몬 스파이스를 반드시 맛보라. 뜨겁게 마시는 것도 좋지만 시원하게 마시면 또 다른 매력에 반하게 된다.

5. 그린필드, 얼 그레이 판타지 Greenfield-Earl Grey Fantasy 연하지도, 과하지도 않은 은은하면서 깊은 베르가못 향이 매력적인 홍차. 티백의 그림만큼이나 클래식하고 고풍스러운 느낌이 든다.

6

7

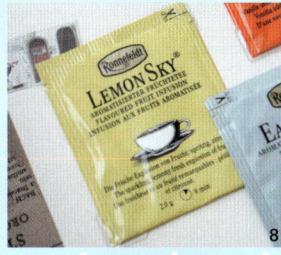

8

9

10

6. 로네펠트, 잉글리시 브렉퍼스트 Ronnefeldt-English Breakfast 홍차가 이렇게 부드럽고 순할 수도 있다는 것을 느낄 수 있는 차. 로네펠트의 차는 대체로 다 맛있지만 홍차에 첫발을 내디딘 초보자에게 특히 추천하고 싶다.

7. 니니스, 쥬뗌므 Nina's-Je T'aime '사랑한다'라는 뜻처럼 감미롭고 사랑스러운 홍차. 고급스럽고 질리지 않는 캐러멜향을 맛볼 수 있다. 밀크티로 특히 강력 추천한다.

8. 로네펠트, 레몬 스카이 Ronnefeldt-Lemon Sky 상큼한 레몬향이 일품인 허브차. 한겨울에는 따뜻하게, 한여름에는 시원하게 마신다. 비타민C를 그대로 흡수하는 기분이 든다.

9. 테일러스 오브 헤로게이트, 퓨어 아쌈 Taylors of Harrogate-Pure Assam 아쌈이 어떤 맛인지 궁금하다면 헤로게이트의 퓨어 아쌈을 추천한다. 아쌈의 강한 면을 지녔지만 일반적인 아쌈에 비해 부드러운 맛을 선사해 준다.

10. 트와이닝스, 레이디 그레이 Twinings-Lady Grey 얼 그레이의 베르가못향을 싫어하는 사람에게 특히 추천한다. 트와이닝스의 레이디 그레이로 시작한다면 베르가못향을 사랑하지 않을 수 없을 것이다.

밀크티를 위한 추천 차

잉글리시 브렉퍼스트나 아쌈 CTC, 아쌈, 실론 등의 진한 차는
밀크티로 만들었을 때 색다른 매력을 발견하게 된다.
여기서 소개하는 10개의 차로 달콤하고 부드러운 밀크티에 빠져 보자.

1. **압끼빠산드, 아쌈 CTC** Aap Ki Passand-Assam CTC 가격 대비 큰 만족을 선사해 주는 압끼빠산드의 아쌈 CTC. 진한 밀크티를 좋아한다면 강력 추천한다.

2. **바리스, 골드 블렌드** Barry's-Gold Blend 깔끔하고 부드러운 맛이 매력인 바리스의 골드 블렌드로 만든 밀크티는 어느 때고 부담 없이 마실 수 있다.

3. **베티나르디, 너트 쿠키** Bettynardi-Nut Cookie 추운 날 시나몬이 듬뿍 들어간 밀크티를 한잔 마셔 보자.

4. **셀레셜 시즈닝즈, 슈가 쿠키 슬레이 라이드** Celestial Seasonings-Sugar Cookie Sleigh Ride 일러스트만큼 사랑스럽고 귀여운 차. 밀크티로 마시면 더없이 좋다.

5. **마리아쥬 프레르, 웨딩 임페리얼** Mariage Freres, Wedding Imperial 달콤하고 우아한 캐러멜향이 매력인 웨딩 임페리얼은 스트레이트로도, 밀크티로도 최고다.

6. 카렐 차펙, 홀리 밀크티 Karel Capek-Holy Milk Tea 구수하면서도 뭔가 특별한 매력이 있는 카렐의 홀리 밀크티는 이름처럼 밀크티에 잘 어울린다. 겨울철 필수 홍차다.

7. 로네펠트, 아이리시 몰트 Ronnefeldt-Irish Malt 코코아와 위스키가 어우러진 부드럽고 크리미한 밀크티를 맛볼 수 있다.

8. 테일러스 오브 헤로게이트, 요크셔 골드 Taylors of Harrogate-Yorkshire Gold 밀크티의 대명사라고 해도 과언이 아닌 요크셔 골드는 구수하고 진한 맛이 매력이다. 요크셔 골드로 만든 밀크티라면 누구든지 좋아한다.

9. 트와이닝스, 얼 그레이 Twinings-Earl Grey 사시사철 즐길 수 있는 트와이닝스의 얼 그레이. 스트레이트, 밀크티, 아이스 밀크티, 아이스티로도 좋은 팔방미인이다. 이 녀석으로 만든 밀크티는 꼭 마셔 보라.

10. 아크바, 실론 Akbar-Ceylon 아크바 실론은 가격도 저렴하지만 깊고 진한 맛을 선사해 주기 때문에 각종 밀크티나 차이의 베이스로 쓰기에 좋다.

3

세 번째 홍차,

일상의 공간을 차지하다

홍차는 특별하다. 아니 홍차는 특별하지 않다.

일상으로 들어온 홍차는 어느새 삶의 일부가 되어 있다.

홍차가 있어 더욱 풍성하고 향긋해진 일상에 귀 기울여 보자.

에브리데이 티, 홍차와 나누는 일상

01

나는 신상 홍차가 나오면 꼭 맛봐야 직성이 풀린다. 이럴 때 마침 마음 맞는 홍차 친구가 있어서 항상 함께 구입해 나눠 마신다. 새로운 홍차가 나오면 반드시 나만의 의식인 티타임을 갖는데 예쁘게 세팅을 하고 사진과 글로 시음기를 남기는 것이다.

하루는 D양이 이렇게 말했다. 즐겁고 행복하던 티타임이 어느 순간부터 부담으로 다가온다고. 차를 한 번 마시려면 테이블보를 깔고 예쁘게 세팅을 해서 사진까지 찍어야 한다는 부담감에 선뜻 차를 마시게 되지 않아 자꾸만 차가 쌓여 간다는 것이다. D양뿐만이 아니다. 티타임이 누군가에게 보여 주기 위한 수단이 되기 시작하면 즐거울 리 만무하다. 나 역시 하루에 서너 번 이상의 티타임을 갖지만 사진을 찍고 기록을 남기는 건 단 한 번에 불과하다. 이때의 티타임은 나를 대접하기 위해서이기도 하지만 예쁜 시음기를 남겨 내가 나를 어떻게 대접하는지 타인에게 보여 주기 위한 시간이기도 하다.

그래서 사람들에게 추천하는 게 바로 에브리데이 티Everyday Tea다. 언제 마셔도 질리지 않고 무난한 차들, 혹은 특히 좋아해서 매일 구비해 두고 마시고 싶은 차들의 목록을 적어 보라. 너무 많지도, 적지도 않은 차를 골라서 자신의 에브리데이 티로 정해 놓고 그 차를 마실 때만큼은 예쁜 세팅이나 사진, 시음기의 부담에서 벗어나 오롯이 차맛과 그 시간을 즐기면 된다.

나 역시 굉장히 좋아해서 늘 쟁여 두고 홍차를 즐기는 사람들은 홍차를 '쟁여 둔다'라는 표현을 많이 쓴다. 즐기는 차가 있다. 클래식 차 중에는 아쌈과 실론, 다즐링이 완벽한 조화를 이루고 있는 프랑스 브랜드인 포숑Fauchon의 모닝Morning이 있는데 정말 완벽하게 아침을 시작하기에 잘 어울린다. 영국 브랜드인 포트넘 앤 메이슨Fortnum & Mason의 로열 블렌드Royal Blend는 아쌈과 실론이 어우러진 차로 스트레이트나 밀크티 모두 잘 어울린다. 하지만 밀크티로 마시기에는 아까울 정도로 우아하고 기품이 넘친다. 역시 영국 브랜드인 해로즈의 no. 14는 브렉퍼스트 차 중에서 최고로 손꼽히는데, 묵직하면서 부드러운 맛이 일품이다. 앞서 소개했던 마리아쥬의 브렉퍼스트 시리즈는 향이 조금씩 가미되어 있지만 브렉퍼스트라는 점에서 클래식 차에 포함시켰는데 아메리칸, 프렌치, 상하이, 러시안 브렉퍼스트는 골라 마시는 재미가 있어서 즐겁다. 마지막으로 왠지 모르게 비오는 날이나 칙칙한 날 어울리는 위타드 오브 첼시Whittard of Chelsea의 기문Keemun도 색다른 매력이 있어서 좋다.

찻잎의 향만 즐길 수 있는 스트레이트 차 외에 가향된 차도 종류가 다양하다. 일본 브랜드인 실버팟Silver Pot의 메이플 티Maple Tea는 여지껏 마셔 본 많은 메이플 가향차 중에 최고라 할 만하며 달콤하고 쌉싸름한 이 녀석을 한 입 머금는 순간 온몸에 전율이 흐른다. 셀레셜 시즈닝즈Celestial Seasonings의 바닐라 헤이즐넛과 아마드Ahmad의 페퍼민트 앤 레몬은 밤에 주로 즐긴다. 바닐라 헤이즐넛은 커피가 생각나는 밤에, 아마드의 페퍼민트 앤 레몬은 딸과 즐기는 티타임에 주로 등장한다. 바닐라와 시트러스의 향이 절묘하게 어우러진 하니 앤 손스 Harney & Sons의 파리Paris는 어디론가 훌쩍 떠나고 싶은 날에 잘 어울린다. 트와이닝Twinings 의 얼 그레이는 정통 얼 그레이의 맛을 선사해 준다. 스트레이트, 밀크티, 아이스티로도 잘 어울리는 트와이닝의 얼 그레이는 절대 떨어지는 날이 없다. 마지막으로 사실적인 티백 그림이 인상적인 딜마Dilmah의 캐러멜Caramel 역시 구하기 쉽고 맛있어서 항상 보유하고 있다.

위에서 소개한 차 중에서 돌아가면서 네다섯 가지 정도는 항상 집에 구비해 두는 편이다. 언제 마셔도 처음 마시는 듯 새롭고 질리지 않는다. 자신을 위한 화려한 티타임도 좋지만 언제 어디서든 편하고 부담 없이 마실 수 있는 에브리데이 티 목록을 정해 보자. 쉽게 손이 닿을 수 있는 곳에 예쁜 바구니를 두고 편하게 마실 수 있는 티백들을 담아 놓는 것도 한 방법이다.

홍차의 첫 느낌은 쌉쌀하지만 차분히 음미하다 보면
마음도 편안해지고 어느새 그 맛과 향에 취하게 된다.

02 딜마의 와테,
와인을 닮은 홍차

남편과 내가 차나 커피처럼 자주 즐기는 음료 중 하나가 바로 와인이다. 술을 워낙 좋아하기도 하지만 와인은 집에서도 은근히 분위기를 잡으면서 가볍게 마실 수 있기 때문이다. 와인에 대해 잘 아는 건 아니지만 와인을 열었을 때의 분위기가 좋다. 산문집 《그날은 정말 쇼비뇽 블랑같은 오후였어》에서 잊혀지지 않는 구절이 하나 있는데 바로 '와인은 왠지 축제스럽지 않니?'라는 문장이다. 와인을 열었을 때의 분위기는 바로 '축제'다. 우리 부부는 왠지 모르게 들뜨고 유쾌한 그 분위기를 참 좋아한다. '쨍!' 하고 와인 잔이 부딪히는 소리도, 불빛을 통해 투명하게 비치는 와인의 수색도, 빙글빙글 돌릴 때마다 달라지는 와인의 향과 맛도…….

차와 와인, 커피를 모두 즐기면서 느끼는 건 세 가지가 일맥상통한다는 점이다. 와인에 보졸레 누보가 있듯이 다즐링에는 첫물차가 있고 와인의 와이너리와 커피의 산지에 따라 맛이 다르듯 차 역시 지역과 다원에 따라 맛과 향이 다르다. 물론 각각의 개성이 뚜렷하고 음용하는 방법도 다르지만 본질적인 면에서 통하는 부분이 있다. 이를 증명이라도 하듯이 다즐링은 '홍차의 샴페인'이라고 불리며 와인에서 느낄 수 있는 머스캣향이 난다고 표현한다. 또 스리랑카의 대표적인 브랜드인 딜마에서는 와인을 닮은 와테 시리즈를 만들었는데 고도에 따라 나뉘는 야타와테Yata Watte, 메다와테Meda Watte, 우다와테Uda Watte, 란와테Ran watte는 각각 다른 와인의 특성을 담고 있다.

와인이 생각나는 날, 와인이 없다면 딜마의 와테 시리즈와 함께하라.
알싸한 와인향과 홍차의 맛이 입안 가득 황홀한 느낌을 채워 줄 것이다.

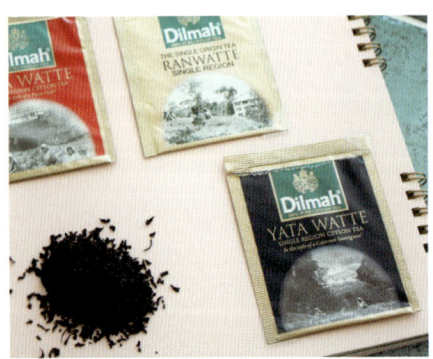

해발 600m 이하 고지대에서 생산되는 야타와테는 와인의 품종 중에 까베르네 소비뇽을 닮았다. 묵직하면서 부드럽고 풍부한 과일향이 느껴지는 야타와테는 수색에서도 볼 수 있지만 역시 진하고 무겁다. 해발 600~1,000m에서 재배되는 메다와테는 쉬라즈에 비유되며 강하면서도 부드럽고 깔끔한 맛을 자랑한다. 쉬라즈의 특징과 같이 풍부한 탄닌이 느껴진다. 해발 1,200~1,500m에서 생산되는 우다와테는 섬세한 향과 맛을 자랑하는 피노 누아에 비교된다. 세련되고 깔끔하며 과일과 꽃향이 풍부하다. 해발 1,800m 이상 고지대에서 만들어지는 란와테는 샴페인을 닮았다. 우아하고 부드러우면서도 톡 쏘는 듯한 과일향을 자랑한다.

와인을 아는 사람이 딜마의 와테 시리즈를 마시면 어떻게 이렇게 기발할 수 있느냐며 무릎을 탁 칠 노릇이다. 와테 시리즈는 각각의 와인을 놀라울 정도로 완벽하게 표현해 냈다. 알코올이 들어 있지 않았을 뿐 각각의 개성을 무척 잘 잡아 냈다. 술을 마시지 못하는 사람이라면 딜마의 와테 시리즈로 와인의 풍미를 느껴 보면 좋을 것이다. 물론 와인 맛이 날 거라고 기대하면 안 된다. 단지 와인의 특성을 담았다는 것뿐이지 와인의 맛을 그대로 재현한 것은 아니다.

개인적으로 와인에서는 어느 정도 묵직함이 느껴지는 까베르네 소비뇽을 좋아하지만 그것을 닮은 야타와테보다는 샴페인을 닮았다는 란와테를 선호한다. 맑고 가벼운 수색부터 깔끔하고 부드러우면서 톡 쏘는 듯한 맛은 샴페인에서 느낄 수 있는 매력 그 이상이다. 와테 시리즈는 내가 어떤 종류의 차를 좋아하는지도 확인해 볼 수 있는 좋은 척도가 된다. 묵직함보다는 가벼움을, 맛있게 떫은 느낌을 준다는 탄닌이 풍부한 것보다는 적당해서 부드러운 차를 선호하는 내 입맛에는 역시 란와테다.

딜마의 와테 시리즈는 우리나라에서도 손쉽게 구할 수 있으니 고도에 따라 맛과 향, 수색이 얼마나 달라지는지, 또 와인을 얼마나 닮아 있는지 꼭 한 번 확인해 보라. 한밤에 와인 잔끼리 '쨍' 하고 부딪히는 소리도 좋지만 찻잔을 마주 놓고 눈빛이 부딪치는 소리도 참 좋다. 와인이 생각나는 밤에는 와인을 닮은 와테 시리즈를 마셔 보라. 의외로 분위기를 내기에 참 좋다.

영국식 밀크티의 치명적인 유혹

03

밀크티를 좋아하는 친구는 종종 한국에서는 제대로 된 밀크티를 맛보기 어렵다고 말한다. 카페에서 파는 건 너무 달고 만들어 먹자니 어디서 홍차를 사야 할지 모르겠다고 투덜거린다. 하루는 우리 집에 놀러온 그 친구에게 제대로 된 '영국식 밀크티'를 한 잔 대접했다. 머그컵 가득 우려진 밀크티를 단번에 비운 그녀는 "영국에서 마셨던 바로 그 맛이야!" 하며 감탄사를 연발했다.

홍차를 맛있게 즐기는 방법 중 하나가 바로 밀크티다. 고소하면서 달콤한 그 맛이 좋아서 겨울이면 하루 한 번은 꼭 챙겨 마신다. 내 입맛에 가장 잘 맞는 밀크티를 찾아 내기 위해 여러 가지 방법을 시도해서 마침내 나만의 황금 비율을 찾아 냈다. 나름 여러 가지 시도를 한 결과지만 답은 아주 간단하다. 일명 1:1 법칙인데 이 비법은 잠시 후에 밝히도록 하겠다.

그럼 찻잎은 어떤 것을 쓰는 게 좋을까? 물론 밀크티에 좋은 찻잎을 일일이 나열하자면 수십 가지가 넘는다. 하지만 영국에서 실제로 국민차라 불릴 정도로 대중적으로 쓰이는 찻잎을 소개하려고 한다. 바로 테일러스 오브 헤로게이트Taylors of Harrogate의 요크셔 골드Yorkshire Gold와 바리스Barry's의 골드 블렌드Gold Blend 그리고 PG 팁스PG Tips다.

요크셔 골드는 우리나라 홍차 애호가들 사이에도 이미 잘 알려져 있고 밀크티로 만들었을 때 고구마와 같은 구수한 감칠맛이 일품이다. 구수함으로 따지자면 요크셔 골드를 따라갈 차가 없다. 아일랜드 브랜드인 바리스의 골드 블렌드는 뚝 떨어지는 깔끔함이 좋다. PG 팁스는 두 개의 중간 정도라고 생각하면 될 것 같다. 적당히 묵직하고 진하면서도 둥글둥글한 느낌이랄까. 세 가지 모두 각각의 개성이 뚜렷하면서 밀크티로 정말 잘 어울린다. 개인적으로 요크셔 골드를 선호해서 특히 겨울에는 떨어지지 않게 한가득 쌓아 놓고 마신다. 이 세 녀석으로 만든 밀크티는 절대 실패한 적이 없다.

만드는 방법도 간단하다. 기호에 따라 머그컵에 티백 1~2개(찻잎 6g)를 넣는다. 세 가지 모두 진하게 우러나기 때문에 다른 차와 달리 티백 1개로도 충분히 진한 맛을 즐길 수 있지만 더욱 진한 것을 원한다면 2개도 좋다. 머그컵에 물 100ml를 넣고 5분 정도 진하게 우린 후 마지막 한 방울까지 우러나도록 티백을 꾹꾹 누른 다음 꺼낸다. 전자레인지에 데운 따뜻한 우유 100ml를 붓고 설탕 1티스푼을 넣어 잘 저어 준 후 마시면 된다. 양을 맞춘다고 너무 신경 쓰지 말고 시크하게 만드는 게 중요하다. 되는 대로 막 만들었을 때 의외로 더 맛있는 밀크티가 완성된다.

이는 물과 우유를 1:1로 넣었다고 해서 내 마음대로 일명 1:1 법칙이다. 밀크티를 만들 때는 물과 우유의 비율이 가장 중요한데 물과 우유의 비율이 비슷할 때 가장 감칠맛 나는 밀크티가 완성되는 것 같다. 이는 역시 개인의 기호에 따라 달라질 수 있으니 가자 자신의 입맛에 맞는 황금 비율을 찾길 바란다. 설탕은 개인의 취향에 맞게 넣지만 설탕이 들어가야 우유의 비린내가 사라지고 감칠맛이 더해진다. 설탕이 싫다면 소금을 약간 넣는 것도 방법이다. 방법이야 어떻든 아무리 초보라도 요크셔 골드와 골드 블렌드, PG 팁스 세 가지 중의 하나로 밀크티를 만든다면 실패할 일이 거의 없다.

요크셔 골드와 바리스의 골드 블렌드, PG 팁스만 있으면 카페 부럽지 않은 밀크티를 만들 수 있다. 밀크티 애호가라면, 혹은 밀크티에 잊지 못할 추억이 있다면 영국인들의 국민티를 꼭 만나 보라.

부드러운 우유와 쌉싸름한 홍차는
서로 다른 맛과 향이 어우러져 최고의 밀크티를 만들어 낸다.

밀크티 정복의 세 가지 방법

홍차만 마시기 부담스럽다면 우유를 더해 밀크티로 즐겨 보자.
쌉싸름하면서도 부드러운 맛에 누구나 빠져들게 된다.
홍차를 처음 경험하는 사람에게 특히 추천한다.

하나. **로열 밀크티**

로열 밀크티는 일본에서 만든 밀크티다. 실제 영국에는 로열 밀크티라는 밀크티가 존재하지 않는다. 직접 팬에 끓여 더욱 깊고 풍부한 맛을 자랑하는 로열 밀크티를 이제 집에서 만들어 보자.

준비하기 찻잎 8~10g, 물 150ml, 우유 150ml, 설탕 2티스푼

* 찻잎은 보통 아쌈이나 실론, 잉글리시 브렉퍼스트. 혹은 동글동글하게 말려 있는 아쌈 CTC와 같이 진하게 우려내는 홍차를 사용한다. 초콜릿 가향, 캐러멜 가향 등 밀크티에 어울리는 홍차도 사용하지만 로열 밀크티는 불에 끓이는 것이므로 간혹 향이 날아갈 수도 있다는 점은 염두에 두자.

우려내기

1. 찻잎 8~10g을 준비한다. 스트레이너(찻잎을 걸러내는 거름망)가 없다면 다시백에 찻잎을 넣어서 준비한다.

2. 물 150ml를 밀크팬에 넣고 끓어오르면 찻잎을 넣어 약한 불에서 5분 정도 더 끓인다. 찻잎은 우유에는 잘 우러나지 않기 때문에 우유를 넣기 전에 찻잎을 충분히 우린다.

3. 우유 150ml를 넣고 약한 불에서 끓인다.

4. 설탕을 넣고 우유막이 생기지 않도록 끓기 직전에 불을 끈다. 설탕의 양은 취향에 따라 가감할 수 있지만 소량이라도 넣으면 우유의 비릿함을 없애 주고 더욱 고소한 밀크티를 완성시켜 준다. 스트레이너에 찻잎을 걸러 따라 낸다.

둘. 잎차 밀크티

요즘에는 잎차도 쉽게 구할 수 있으므로 좀 더 깊이 있는 밀크티를 맛보고 싶다면 잎차 밀크티에 도전해 보라.

준비하기 찻잎 5g, 물 100ml, 우유 100ml, 각설탕 1개 혹은 설탕 1티스푼

우려내기

1. 티포트에 찻잎을 넣는데 스트레이너가 없거나 걸러 내기가 귀찮으면 다시백을 이용한다. 찻잎을 넣은 티포트에 뜨거운 물을 부어 5분 간 우린다.

2. 찻잎이 들어 있는 다시백을 꼭 짜낸 후 꺼내고 렌지에 데운

우유를 부어 준다.

3. 각설탕 1개나 설탕 1티스푼, 혹은 취향에 맞게 설탕을 넣는다. 설탕이 싫은 경우 소금을 약간만 넣어 주면 더욱 고소한 밀크티를 즐길 수 있다.

* 찻잎은 어떤 것도 상관없지만 자잘하거나 동글동글한 CTC 형태가 진하게 우러 난다.

셋. 티백 밀크티

바쁠 때 따뜻한 밀크티가 생각 나면 티백 홍차만으로도 손쉽게 만들 수 있다. 간단하고 맛있는 티백 밀크티를 만들어 보라.

준비하기 요크셔 골드 등의 4g짜리 티백 1개(일반 티백 2개), 물 100ml, 우유 100ml, 설탕 1티스푼

우려내기

1. 머그컵에 4g짜리 티백 한 개(일반 티백 2개)를 넣고 팔팔 끓인 물 100ml를 넣는다.

2. 5분 정도 진하게 우린다. 우려내는 동안 우유 100ml를 전자레인지에 데운다.

3. 티백은 꽉 짠다. 마지막 한 방울까지 짜는 데 그 마지막 방울을 골든 드롭(Golden Drop)이라고 부른다.

4. 데워진 우유를 붓고 취향에 따라 설탕 등을 넣는다.

백차,
다이어트에 강추

\# **04**

결혼한 친구에게 하니 앤 손스Harney & Sons 의 웨딩 티Wedding Tea를 선물한 적이 있다. 그냥 보면 콤팩트 같은 앙증맞은 타가롱에 들어 있는 차를 선물했는데 몇 년이 지난 지금까지도 차를 그대로 두었다고 한다. 차가 들어 있는 동그란 실버 틴도, 피라미드형 실크 티백도 너무 예뻐서 차마 마실 수가 없었다고 했다.

하니 앤 손스의 웨딩 티는 예쁜 피라미드형 사셰 티백에 담겨 있으며 실버 케이스가 고급스 럽고 세련되어 선물용으로 좋다. 맛과 향은 조금 강한 편이지만 눈이 즐겁다. 게다가 미국 하 니 앤 손스에서 구입하면 신랑, 신부의 이름까지 새겨 준다. 차 이름부터 '웨딩 티'라니, 결혼 선물용으로 딱이다.

차에 관심이 많아지면서 흔히 접할 수 있는 녹차나 홍차, 허브차 외에 우롱차라든지 보이차, 루이보스차 등 다른 차에도 지대한 관심이 생겼는데 그중에서 특히 매력을 느낀 것이 바로 백차White Tea다. 백차라고 하면 고개를 갸우뚱하는 사람도 있겠지만 요즘 다이어트에 좋다 는 소문이 나면서 많은 인기를 얻고 있다. 녹차나 홍차와 같은 잎을 쓰지만 흰 솜털이 난 어 린 잎을 오랜 시간 말려서 살짝 발효가 이루어진 차로, 맛과 향이 깔끔하고 산뜻하다. 또한 백 차는 항산화 작용을 해서 노화를 방지하는 일반적인 차의 장점을 갖췄을 뿐만 아니라 녹차에 비해 가공 과정을 덜 거치기 때문에 항암 효과도 좋고 지방세포 분해를 촉진한다는 연구 결

과도 나와 있다. 여자라면 누구나 한번쯤 다이어트에 관심을 가져 봤을 법하다. 블로그를 하면서 가장 많이 받는 질문 중의 하나는 "차가 다이어트에 효과가 좋다고 하던데 어떤 차를 마시면 좋을까요?"라는 내용이다. 이런 질문을 하는 사람에게 서슴지 않고 추천해 주는 차가 바로 백차다.

이처럼 백차에 대한 관심이 많아지면서 백차를 구하기가 쉬워졌는데 앞서 소개했던 하니 앤 손스의 웨딩 티 외에도 백호랑이 그림이 인상적인 셀레셜 시즈닝즈Celestial Seasonings의 임페리얼 화이트 피치 화이트 티Imperial White Peach White Tea나 배와 바닐라의 조화가 향긋한 퍼펙트 페어 화이트 티Perfectly pear White Tea , 레볼루션Revolution의 화이트 페어 티White Pear Tea가 있다. 특히 가격 대비 만족도가 높은 셀레셜의 백차는 깔끔하면서 부드럽고 질리지 않는 은은한 향이 일품이다.

백차는 여러 모로 몸에 좋지만 흔히 알려진 바와 달리 카페인이 많이 들어 있다. 이는 어린 싹에는 해충으로부터 보호하기 위해 다량의 카페인과 폴리페놀이 들어 있기 때문이다. 수색이 연해서 왠지 카페인도 적을 것 같지만 카페인에 민감한 사람이라면 밤에는 백차를 피하는 게 좋다.

가끔 차의 종류가 이렇게 많다는 사실에 깜짝 놀라곤 한다. 홍차만 해도 수백, 수천 가지가 넘는데 녹차, 우롱차, 허브차, 루이보스차, 흑차, 백차 등을 더하면 이 세상에 존재하는 차의 종류는 얼마나 다양할까. 더욱 놀라운 건 비슷할 것 같지만 모든 차의 맛과 향이 제각각이라는 점이다. 그중에서도 백차는 정말 깔끔하고 목넘김이 좋다. 아무리 마셔도 입이 텁텁하거나 질리지 않고 특히 시원한 배의 향과 잘 어울려서인지 배가 가향된 백차가 많다. 다이어트는 물론 건강에 좋고, 게다가 깔끔한 맛이 뛰어난 백차. 모든 여성이 바라는 이상형의 차가 아닌가 싶다. 아직도 백차를 마셔 보지 못했다면 당장 시도해 보라. 그 매력에 푹 빠져 한동안 헤어나지 못할지도 모른다. 한 달 뒤에는 더욱 날씬해진 몸매로 우아하게 차를 즐기는 자신의 모습을 발견할 수 있을 것이다.

급랭, 냉침,
시원하게 즐기는 홍차

차를 좋아하는 나도 한여름에 뜨거운 차를 주구장창 마시기는 쉽지 않다. 가만히 있어도 땀이 줄줄 흐르는 무더운 여름날에는 핫티를 포기하고 과감하게 시원한 아이스티를 즐긴다. 찬 음료를 좋아하는 남편도 여름날 회사에서 돌아오면 "냉침 있어?"라는 말부터 던진다. 한 잔 따라 주면 벌컥벌컥 들이키며 '캬' 하고 감탄사를 내뱉으면서 만족스러운 표정을 짓는다. 이래서 여름에 우리 집 냉장고에는 냉침병이 떨어질 날이 없다.

'냉침'이라는 말은 차 애호가들 사이에서 흔히 쓰는 용어다. 유리병이나 페트병에 적당량의 찻잎이나 티백을 넣고 냉장고에 하루 정도 넣어 두면 차가 천천히 우러나 부드럽고 깔끔한 아이스티가 완성된다. 취향에 따라 다르지만 보통 500ml의 물에 찻잎 3g이나 티백 1개를 넣고 우리면 은은하고 진하지 않은 아이스티가 완성된다. 무슨 차든 냉침해 두고 여름 내내 청량음료 대신 마시면 몸에도 좋고 갈증도 해소할 수 있어 일석이조다.

냉침한 음료가 뚝 떨어지거나 급하게 아이스티가 필요할 때는 급랭이라는 방법을 쓴다. 100ml의 물에 티백 2개를 넣거나 찻잎을 5g 정도 넣어 평소보다 진하게 우린 후에 얼음이 가득 담긴 컵에 재빨리 부어 차갑게 식힌다. 이때 얼음 양이 적어서 차가워지는 속도가 느리면 크림다운 Cream Down 현상이 일어나며 아이스티가 탁해질 수 있으니 주의한다. 아무래도 빠른 시간 내에 차를 우려냈기 때문에 냉침보다는 맛이 좀 더 거칠고 쌉싸름하다. 요즘은 인스턴트 아이스티가 많아 시원한 아이스티를 즐기기 쉬워졌지만 찻잎을 이용해서 냉침을 하면 훨씬 다양하고 건강한 음료를 즐길 수 있다. 특히 아이스티가 너무 달다고 생각되는 사람은 냉침해서 마시면 담백하고 깔끔한 맛을 즐길 수 있고 달콤한 맛을 원하면 시럽을 첨가하면 된다.

트와이닝스Twinings의 레이디 그레이는 상큼하고 레모니한 베르가못과 오렌지 향이 어우러져 냉침으로 잘 어울린다. 파인애플, 히비스커스, 복숭아 등 큼직한 과육이 듬뿍 들어 있어 달콤새콤한 로네펠트Ronnefeldt의 화이트 피치는 시중에서 파는 음료 부럽지 않은 맛을 선사해 준다. 셀레셜의 트루 블루베리나 탠저린 오렌지 징어, 트로픽 오브 스트로베리 등과 티카네Teekanne의 스위트 키스 같은 허브차 역시 냉침으로 마셨을 때 더욱 매력적이다. 일명 쓰리베리라 불리는 베리 베리 베리Very very berry를 비롯한 위타드Whittard of Chelsea의 과일차들은 냉침용으로 유명하다. 아마드Ahmad의 레몬 앤 라임이나 딜마Dilmah의 파인애플티 같은 과일향 홍차들은 대부분 냉침과 잘 어울리며 청포도나 체리를 가향한 차도 시원하게 마셨을 때 눈이 번쩍 뜨인다.

뜨겁게만 마셔도 종류가 무척 다양한데 냉침으로도 한 번씩 맛보려면 얼마나 많은 차를 마셔야 할지. 뜨겁게 마셨을 때 맛과 향이 제대로 살아나지 않지만 냉침으로 마셨을 때 풍부하게 향이 살아나는 차들도 있다.

어쨌든 여름에는 냉침이다. 돌아오는 여름부터, 혹은 시원한 음료를 즐겨 마신다면 지금 당장 냉장고에 냉침병을 쌓아 두길 바란다. 그래서 난 작은 주스병부터 길죽한 잼병까지, 유리로 된 병은 모조리 모아 두고 냉침병으로 활용한다. 간단한 냉침으로 가족이나 친구들에게 솜씨를 자랑해 보자. 입맛에 맞는 과일차나 허브차, 홍차만 구비해 둔다면 멋진 홈카페의 주인이 될 수 있다.

여름을 시원하게 날 수 있게 도와 주는 냉침.
시간이 없다면 급랭한 것도 좋다.

새콤달콤 시원한 냉침 4가지

하나. **생수 냉침**

아이스티를 만들면 너무 떫게 되어 매번 실패하는 사람에게 추천한다. 찻잎의 성분이 천천히 우러나는 냉침은 기다려야 한다는 단점을 빼고는 완벽하고 시원한 아이스티를 만들어 준다. 카페인이 거의 우러나지 않는다는 점도 장점이다.

우려내기

1. 찻잎 3~5g을 준비한다.
2. 유리병 300ml짜리에 찻잎을 넣고 물을 부은 후 냉장고에 10시간 이상 넣어 둔다. 찻잎을 걸러 내어 마신다.

둘. **사이다 냉침**

차를 시원하고 달콤하게 즐길 수 있는 방법이다. 올 여름은 톡 쏘는 사이다 냉침에 도전해 보자. 간편해서 누구나 쉽게 만들 수 있다.

우려내기

1. 찻잎 6g을 준비한다. 과육이 들어간 과일차나 허브차도 좋고 간편하게 티백도 좋다. 티백일 경우 과육이 잘게 잘라진 상태로 들어 있기 때문에 1개로도 충분하다.
2. 찻잎은 걸러 내기 쉽도록 다시백에 넣어도 좋고 다시백이 없다면 나중에 스트레이너에 걸러도 된다.
3. 사이다 500ml를 한 모금 마신 후 찻잎을 넣는다. 한 모금 마셔 여유 공간을 두지 않으면 찻잎과 탄산이 반응을 일으켜 폭발할 수 있으니 반드시 한 모금 정도를 마신다.
4. 기포가 빠지지 않도록 뒤집어서 냉장고에 10시간 이상 넣어 둔 후 스트레이너로 걸러 마신다.

셋. **우유 냉침**

부드러운 우유와 홍차가 만나 색다른 맛을 느낄 수 있다. 따뜻한 우유로 만든 밀크티와는 또 다른 맛과 향을 선시해 준다.

우려내기

1. 찻잎 5g을 준비한다. 초콜릿, 캐러멜, 딸기 등 우유와 어울리는 가향 홍차들 이 특히 맛있다.
2. 찻잎에 뜨거운 물 50ml를 부어 5분 정도 찻잎을 불린다.
3. 빈 병에 우유 250ml를 넣고 2의 찻잎과 우려낸 물까지 함께 부어 준다.
4. 냉장고에 10시간 이상 보관한 후에 찻잎을 걸러 내고 마신다.

넷. **콜라 냉침**

달콤하면서도 톡 쏘는 콜라와 홍차의 만남이 이색적이다. 여름철 더위를 시원하 게 날려 준다.

우려내기

1. 위타드의 와일드 체리 같은 체리 가향 과일차는 콜라 냉침을 하면 간단히 체리 콕이 완성된다. 찻잎 6g을 준비한다.
2. 찻잎을 간편히 건져 내기 위해 다시백에 찻잎을 담는다.
3. 콜라 500ml를 한 모금 마신 후 찻잎을 넣는다.
4. 기포가 빠지지 않도록 뒤집어서 냉장고에 10시간 이상 넣어 둔 후 꺼내 마시면 맛있는 체리콕이 완성된다.

초코 민트 티
이야기

06

여름이면 질리도록 먹는 아이스크림이 민트 초코칩이고 겨울에는 떨어지지 않도록 쟁여 두는 것이 바로 초코 민트 티다. 바나나 초콜릿, 초콜릿 진저 등 초콜릿이 가향된 홍차는 놓치지 않고 구입하고 케이크를 살 때면 치즈 케이크와 초콜릿 케이크 중에서 늘 고민할 정도로 초콜릿을 좋아한다. 홍차에 민트와 초콜릿을 합해 놓은 차가 있으니 바로 초코 민트 티다. 민트 초콜릿, 초콜릿 민트 등의 이름이 붙기도 하지만 어쨌든 민트와 초콜릿을 조합해 놓은 티는 나에게 천국과 같다.

초콜릿 민트라는 이름을 가진 차는 대부분 초콜릿보다 민트가 강해서 상쾌하고 화한 느낌을 주는데 은은한 초콜릿향이 살짝 더해져 그냥 민트차와는 확연히 구분된다. 아이스크림이나 케이크에서 느낄 수 있는 초콜릿의 달콤함을 기대해서는 안 되지만 초콜릿과 민트가 잘 어울리는 환상적인 궁합임은 틀림없다.

입에 넣으면 사르르 녹는 초콜릿 덩어리와 싱그러운 민트 잎이 들어간 쿠스미Kusmi의 민트 초콜릿은 달콤한 초콜릿 케이크나 브라우니와 찰떡궁합이다. 결혼기념일에 남편이 사 온 초콜릿 케이크와 쿠스미의 민트 초콜릿은 더없이 잘 어울렸다. 초콜릿 케이크를 먹는 내내 쿠스미의 민트 초콜릿을 곁들였는데 촉촉한 초콜릿 케이크와 산뜻한 초코 민트 티가 어찌나 맛있던지. 부드럽고 은은한 매력이 있는 스태쉬Stash의 초콜릿 민트 우롱은 특이하게도 우롱차

초콜릿 민트티와 초콜릿, 초콜릿 머핀은 환상의 궁합을 자랑한다.

베이스다. 우롱차인 만큼 홍차의 쌉싸름한 맛보다는 부드럽고 깔끔한 맛과 향이 주를 이룬다. 역시 민트향이 강하긴 하지만 우롱차와 초코 민트의 결합은 누구에게나 추천할 만하다. 쉽게 만날 수 없는 조합이기도 해서 기회가 되면 꼭 마셔 보길 권한다.

동글동글 귀여운 아쌈 CTC에 코코아 파우더를 잔뜩 묻힌 실버팟의 초콜릿 민트 차이는 진하고 깊은 맛 덕분에 밀크티로 잘 어울린다. 달콤하고 쌉싸름한 초콜릿의 풍부한 맛에 상쾌한 민트향이 더해져 초콜릿 민트 케이크를 먹는 기분이 든다. 다른 초코 민트 티는 주로 우유를 넣지 않은 스트레이트로 즐기지만 실버팟의 초콜릿 민트 차이만큼은 항상 밀크티로 마신다. 설탕 한 스푼을 넣어 주면 달콤함까지 더해져 초콜릿 민트의 완벽한 재현이라고 할 수 있다.

하지만 최고의 초코 민트 티를 뽑으라면 마리아쥬 프레르와 하니 앤 손스의 차를 꼽을 수 있다. 초코 민트 티를 한층 격상시킨 마리아쥬의 초코 민트는 깔끔하고 우아한 멋이 있다. 마리아쥬 특유의 우아한 향과 함께 어우러진 초코 민트는 고급스럽기 그지없다. 하니 앤 손스의 초콜릿 민트는 초콜릿과 민트의 환상적인 조합이라고 할 수 있다. 앞서 말했듯이 초코 민트 티는 보통 민트향이 강한데 하니 앤 손스의 초코 민트는 두 가지가 완벽하게 조화되어 어느 하나 튀지 않는 맛을 선사해 준다.

그 밖의 브랜드에서도 초코 민트 티가 나오기는 하지만 여태까지 맛본 차 중에서는 위에 언급한 브랜드를 추천하고 싶다. 처음 초코 민트 티를 접하게 되면 의외로 강한 민트향에 다소 실망하게 되는 경우가 많은데 자꾸 마시다 보면 그만의 매력을 발견하게 된다. 달콤한 초콜릿 민트를 원하면 차가 아닌 케이크나 아이스크림을 즐기면 된다. 초코 민트 티에서만 맛볼 수 있는 상쾌하면서 쌉싸름한 매력은 다른 어디에서도 찾아볼 수 없다. 꼭 달콤한 맛을 찾고 싶다면 설탕의 힘을 빌리면 되지만 굳이 그렇게까지 하지 않아도 초코 민트 티의 매력은 충분하다. 한 입만으로도 기분이 좋아지게 만드는 초콜릿과 산뜻함과 개운함을 선사해 주는 민트의 만남. 따뜻하게도, 시원하게도, 밀크티로도 좋고 티푸드를 곁들이거나 그냥 마셔도 매력적인 초코 민트 티는 특별한 날이 아니더라도 일상적으로 마셔도 좋다.

07 마리나 드 부르봉, 향수 같은 홍차

커피나 와인을 비롯해 모든 유행에서 한 발 앞서가는 일본은 홍차에서도 마찬가지다. 한 발이 아니라 두 발, 세 발, 사실 우리나라보다 열 발 정도는 앞서 있다고 해도 과언이 아니다. 홍차 브랜드만 해도 루피시아와 실버팟, 일동홍차, 애프터눈 티 등 종류가 다양한데 그런 일본의 브랜드 중에 마리나 드 부르봉Marina de Bourbon이라는 홍차 브랜드가 있다. 이름부터 프랑스의 분위기가 물씬 풍기는 이 브랜드는 향수로 유명한 프랑스 귀족의 후예인 프린세스 마리나 드 부르봉Princess Marina de Bourbon이 세운 가게로, 정통 일본 브랜드는 아니지만 일본에 자리 잡고 있는 티룸이다.

향수처럼 달콤하고 고혹적이고 아름다운 차를 선사해 주는 마리나 드 부르봉은 각종 향신료와 꽃잎, 허브, 과일 조각 등 화려한 블렌딩을 이용해 평범하지 않은 차를 만들어 낸다. 마리나는 1년 열두 달의 특징을 담고 있는 'Monthly Tea'가 유명했는데 안타깝게도 단종되어 버렸다. 12달 전부 다 마셔 보기도 전에 단종된 터라 지금까지도 아쉬움이 남는다.

진한 홍색의 잇꽃과 선명한 파란색의 콘플라워, 색색깔의 알록달록한 별사탕이 들어 있는 센다이Sendai는 밀키스 맛이 나는 솜사탕을 닮았다. 피터팬에 나오는 팅커벨처럼 사랑스럽고 신비한 차. 홍차에 이런 맛과 향 그리고 이런 느낌을 담아낼 수 있다니 그저 놀라울 뿐이다. 파티라는 뜻을 가진 수와레Soiree는 작고 투명한 슈가 큐브와 너츠류가 들어 있는 달콤한 홍차로 바닐라 아이스크림에 찐득찐득한 캐러멜 시럽을 잔뜩 뿌려 놓은 향기가 돈다. 아찔할 정도로 달콤한 맛과 향을 선사해 주는데 파티의 황홀한 유혹을 표현하는 듯하다. 노란색의 매리골드가 듬뿍 들어 있는 바이저Baiser는 레모니하고 상큼발랄한 베르가못향이 오래도록 은은하게 퍼진다. 풋사랑의 가슴 설레는 입맞춤을 닮은 바이저는 결혼식장에서 자주 듣게 되는 베토벤의 바이올린 소나타 〈봄〉과 어울린다. 아이리시 위스키와 크림, 너츠류가 들어 있는 앙브르Ambre는 보석이라는 뜻으로, 녹아내릴 듯이 달콤한 캐러멜 향이 일품이다. 찻잎에서 풍기는 위스키향은 우린 후에도 은은하게 남아 있으며 고소하면서 황홀한 향기에 취할 것만 같다. 위스키가 가향된 홍차는 종종 만나 볼 수 있는데 앙브르처럼 매력적인 차는 만나 보지 못했다.

루이보스차에 파인애플과 멜론을 가향한 포르트Porte는 신선하고 독특한 조합을 자랑한다. 레몬그라스와 크림이 가향된 주러Jurer는 상큼하고 향긋한 레몬과 달콤한 크림이 오묘하게 조화를 이루어 부드러우면서도 상쾌한 맛을 선사한다. 우아하고 세련된 체리향을 담은 세리스Cerise와 싱그러운 청포도향을 재현한 시엘 드 아주르Ciel d'Azur 같은 과일 가향차도 있다. 특히 시엘 드 아주르는 녹차 베이스로 수색마저도 상큼하고 시원한 청포도를 닮아 있다.

이처럼 마리나 드 부르봉은 다양하고 개성적인 블렌딩을 자랑한다. 다양한 차를 선보이지만 어느 것 하나 빠지지 않고 독특함을 자랑한다. 향수보다 더 달콤하고 매력적인 마리나 드 부르봉의 차는 마실 때마다 작은 파티를 여는 듯한 분위기를 선사해 준다. 혼자만의 멋진 티타임을 원한다면 마리나의 차를 마셔 보라. 눈을 뗄 수 없을 정도로 화려한 블렌딩에 그 맛과 향 또한 황홀함을 선사해 주니 이처럼 특별한 차가 또 있을까. 마리나 드 부르봉의 차는 평범한 일상을 행복한 파티로 바꿔 주는 마법과 같다.

마리나 드 부르봉은 향만으로도 기분 좋게 취할 수 있다.
향에 취해 맛보는 홍차맛이 일품이다.

08

믈레즈나의
아이스와인 티

술이라면 입에도 대지 못하는 친구가 하나 있다. 싫어해서가 아니라 맥주 한 입만 마셔도 알딸딸하게 취해 버리는 유전자 때문이다. 그 친구의 아버지도 술은 평생 입에 대지 않으셨다고 한다. 친구는 더운 여름날 시원하게 맥주를 들이키는 것부터 지글지글 삼겹살에 소주 한 잔을 곁들이는 것, 혹은 비오는 날 파전에 동동주를 마시는 것까지 어느 하나 부러운 게 없는데 유독 소믈리에가 그렇게 부러울 수 없단다. 와인 만화책인《신의 물방울》을 보면서 대체 어떤 맛이길래 그렇게 거창한 표현을 할 수 있는지 궁금해 죽을 뻔했다는 말도 했다.

하루는 그 친구가 집에 놀러온다고 해서 와인 잔과 가볍게 집어 먹을 카나페를 준비했다. 친구가 도착하자 냉장고에서 병을 하나 꺼내 와인 잔에 따라 주면서 딱 한 잔만 마시라고 권했다. 이게 뭐냐고 하면서 향을 맡아 보더니 알코올 도수가 아무리 낮은 와인이라도 못 마신다면서 딱 잘라 거절하는 친구에게 날 믿고 한 입만 마셔 보라고 재차 권했다. 못 미더운 표정을 지으며 살짝 잔을 입에 댄 친구가 "와! 이거 뭐야?" 하며 감탄사를 내뱉더니 단숨에 잔을 비웠다. 친구에게 권한 음료는 다름 아닌 아이스와인 홍차였다. 아이스와인으로 유명한 캐나다에서는 아이스와인만이 아니라 아이스와인향을 더한 홍차를 만든다. 아이스와인 티_{Ice Wine Tea}로 유명한 믈레즈나_{Mlesna}라는 스리랑카의 브랜드에서 판매한다. 아이스와인 티는 달콤하고 아찔한 아이스와인의 맛을 완벽하게 재현해 냈다. 시원하게 냉침해서 와인 잔에 마시면 분위기와 맛, 향이 아이스와인에 비할 바가 아니다.

티백 안에 담긴 와인향이 궁금하지 않은가?
그렇다면 믈레즈나의 아이스와인 티를 마셔 보라.

오렌지빛이 도는 수색은 로제 와인과 살짝 닮은 듯하다. 잔에 코끝을 갖다 대고 향을 음미한 후 한 모금 넘기는 순간 와인에서 흔히 느껴지는 청포도향과 향긋한 꽃내음이 어우러져 입안 가득 퍼진다. 쌉싸름하고 떫은 홍차의 맛에 살포시 와인스러움이 더해지면서 입에 착착 감긴다. 목넘김의 순간에 진짜 와인 같다는 착각이 들 정도로 와인과 닮아 있다. 뜨겁게 마셔도 좋지만 시원하게 마셨을 때야말로 아이스와인의 풍미가 제대로 느껴진다.

달콤한 과일향과 꽃향이 풍부한 아이스와인 티는 우리나라에서 구하기 쉽지 않아 기회가 될 때 많은 양을 구입해 둔다. 벌크 티백으로 구입하면 그나마 가격도 저렴하고 보관하기도 편하다. 섬세한 맛과 향은 아이스와인 대용이라고 해도 부족함이 없다. 가격이 비싸 자주 마시지 못하는 아이스와인 대신 냉장고에 채워 놓아도 좋다.

아이스와인 티는 달콤하고 향긋해서 차를 좋아하지 않는 사람이라도 부담 없이 마실 수 있다. 아이스와인의 스파클링을 느끼고 싶다면 사이다나 페리에 같은 소다수에 냉침해서 마셔도 좋다. 특히 사이다에 냉침을 하면 단맛과 톡톡 튀는 스파클링을 동시에 느낄 수 있어서 여름철 음료로 제격이다. 이웃 중에 알코올을 제대로 느껴보고 싶다며 아이스와인 티를 소주에 냉침해서 마셨다는 얘기를 들었는데 왠지 모르게 두려워 아직 시도해 보지는 않았지만 재미있는 발상이다. 소주와 소다수를 섞어 냉침하면 진짜 아이스와인과 똑같아질지도 모른다.

아이스와인 티는 이렇게 여러모로 즐거움을 선사해 준다. 특히 내 친구처럼 온몸에서 알코올을 거부하는 사람에게 강력하게 추천한다. 비록 알코올은 들어 있지 않지만 알코올 못지않은 즐거움을 준다. 이제부터 남들 술 마실 때 아쉬워하지 말고 아이스와인 티 한 잔으로 분위기에 동화되어 보자. 어차피 차와 술은 입으로 마신다는 점에서는 일맥상통하니 말이다.

차이 한 잔과
베란다의 마법

09

우리 집에서 가장 마음에 드는 곳은 바로 거실 베란다 쪽의 창밖이다. 도심 한가운데 있다 보니 푸른 산이나 강물이 드넓게 펼쳐진 건 아니지만 탁 트인 창밖 풍경 덕분에 마음까지 시원해진다. 특히 온 세상이 어둠에 가려지고 반짝반짝 불빛이 아름답게 빛나는 밤이 되면 더욱 그렇다. 펑펑 눈이 내리거나 주룩주룩 비가 내리는 날이면 어김없이 따끈한 차 한 잔을 우려 베란다 테이블에 앉아 창밖을 구경하곤 한다. 특히 한겨울에는 달달 떨면서 굳이 베란다에 나가 담요를 뒤집어쓰고 앉아 진하게 우러난 차이를 마시는데, 차 한 모금이 닿는 순간 추위가 사르르 녹아 든다.

온몸이 꽁꽁 어는 듯한 추운 겨울이 오거나 목이 칼칼한 환절기가 되면 어김없이 찾게 되는 차가 있다. 바로 인도식 밀크티인 차이Chai로 각종 향신료와 홍차 찻잎, 우유를 넣고 끓인 것이다. 진하고 달콤한 차이 한 잔이면 시나몬이나 카르다몸, 정향클로브, 월계수잎 같은 스파이시한 향신료 덕분에 온몸이 훈훈해지고 으슬으슬한 감기 기운도 뚝 떨어진다.

밀크팬에 잘게 다진 향신료와 물을 넣고 끓인 후에 물이 끓으면 찻잎을 넣어 차가 진하게 우러나도록 한다. 차가 우러나면 우유를 넣고 끓기 직전에 불을 끈 후 찻잎을 걸러 마시면 된다. 취향에 따라 설탕을 약간 넣는 것이 좋다. 단 음료를 좋아하지 않지만 차이에는 설탕을 듬뿍 넣는 편이다. 밀크팬에 직접 끓여야 해서 번거로움이 있지만 직접 만든 차이를 마셔 본 사람

이라면 그런 귀찮음 정도야 얼마든지 감수하게 될 것이다. 차이의 그 오묘하고 섬세한 맛은 말로 표현할 수가 없다. 인도에서는 한 번 마시고 땅에 깨뜨려 버린다는 일회용 토기잔에 차이를 담아 준다는데, 직접 가서 마셔 본 적은 없지만 내 손으로 직접 만든 홈메이드 차이도 그에 못지 않으리라 생각한다.

차이나 요리에 활용할 수 있는 각종 향신료는 이태원의 외국인 상점에서 쉽게 볼 수 있으며 한 봉지를 구입해 두면 겨우내 먹을 수 있다. 하지만 직접 끓여 마시는 게 자신이 없거나 번거로우면 차이용 티백이나 찻잎을 구입해 밀크티로 마시는 방법이 있다. 그것마저 귀찮다면 인스턴트 차이를 구입하라.

한국 홍차 브랜드인 다질리언Darjeelian의 마살라 차이Masala Chai나 압끼빠산드의 마살라 차이는 동글동글하게 말려 있는 아쌈 CTC가 베이스이기 때문에 진하게 우러나 밀크티로 만들기에 딱 좋다. 다질리언의 마살라 차이는 각종 향신료가 듬뿍 들어 있어 보기만 해도 차이의 느낌이 그대로 전해진다. 더욱 강렬한 것을 원한다면 향신료를 더 첨가해도 좋지만 그대로도 충분히 진한 차이의 맛을 느낄 수 있다. 압끼빠산드의 마살라 차이는 향신료가 파우더 형태로 들어 있어 꽤 진하고 알싸한 스파이스의 향이 입안 가득 퍼진다. 두 가지 모두 따로 향신료를 구입하지 않아도 밀크티로 만들면 손쉽게 차이가 완성된다.

아레스의 붐베이 차이티 파우더는 더욱 간편하다. 뜨거운 우유에 파우더를 녹이면 끝이다. 거품기로 거품까지 내 주면 근사한 차이 라떼가 완성된다. 달착지근한 맛이 강하긴 하지만

추운 겨울, 차이 한 잔으로도 충분히 행복할 수 있다.

그럴싸한 맛에 고개를 끄덕이게 된다. 아마 이보다 더 손쉽고 빠르게 차이를 즐길 수 있는 방법은 없을 것이다.

겨울에는 아침, 점심, 저녁 어느 때고 김이 모락모락 나는 차이를 끓여 밥 먹듯이 마시곤 하지만 가만히 있어도 땀이 도르륵 굴러 떨어지는 한여름에는 아무래도 무리다. 하지만 워낙 밀크티며 차이를 좋아해서 조금이라도 날이 서늘해지거나 시원하게 장대비가 쏟아지는 장마철에는 어김없이 밀크팬을 들고 불 앞으로 간다. 매케한 향신료가 코끝을 간질이면 괜시리 기분이 좋아진다. 진하게 우러난 찻잎 위로 동동 떠다니는 카다멈과 정향이 그리 귀여울 수가 없다. 우유를 부어 적당히 걸죽한 차이가 완성되면 어린아이마냥 행복한 웃음을 짓게 된다.

매일 누릴 수 없는 탓에 겨울의 차이 한 잔은 더욱 즐겁지만 여름이 되면 언제나 선선한 가을과 추운 겨울이 기다려진다. 시원한 음료와 짧은 반바지, 바다에서 즐기는 물놀이와 선탠도 좋지만 진한 차이와 뜨거운 차를 마음껏 마실 수 있는 추운 계절이 더 좋다. 물론 인도에서는 땀을 뻘뻘 흘리는 무더위 속에서 차이를 마시겠지만 말이다. 여하튼 여름이든 겨울이든 계절에 상관없이 변함없는 진리가 하나 있다. 차이 한 잔과 베란다만 있으면 온 세상이 내 것이 된다는 것이다.

Tea Recipes 07

얼 그레이 펀치

무더운 여름날, 색다르고 상큼한 얼 그레이 펀치를 즐겨 보자.
무엇보다도 간단하면서 그럴싸하다는 점이 얼 그레이 펀치의 매력이다.

준비하기 얼 그레이 5g, 물 100ml, 사이다 100ml, 오렌지 주스 100ml, 레몬즙 약간

만들기

1. 얼 그레이 찻잎 5g을 준비한다. 뜨거운 물 100ml에 얼 그레이를 4분 간 우린다.

2. 저그에 얼음을 가득 채운 후 우린 얼 그레이를 재빨리 부어 준다.

3. 사이다를 붓고 오렌지 주스를 넣는다. 레몬즙을 약간 넣어 준 후 잘 섞는다.

4. 오렌지를 잘라 넣고 민트 잎으로 장식한다.

홈메이드 차이

목이 칼칼하거나 감기 기운이 있을 때 차이를 한 잔 마시면 온몸의 피로가 확 풀리는 기분이 든다.
뜨겁고 스파이시한 차이, 직접 만들어 마셔 보자.

준비하기 찻잎 7g, 믹스드 스파이스(계피, 정향, 카다멈, 후추) 한 줌, 월계수잎 2장, 설탕 1티스푼, 물 120ml, 우유 100ml

만들기

1. 밀크팬에 물을 넣고 스파이스를 넣은 후 끓인다.

2. 물이 끓으면 찻잎을 넣고 약한 불에서 우러나게 5분 정도 둔다. 차이 티백이 있는 경우 차이 티백 2개를 활용하면 따로 믹스드 스파이스가 필요 없다.

3. 2번에 우유와 설탕을 붓고 잘 저어 준다.

4. 3을 중불에서 데운 후 끓어오르기 직전에 불을 끈다. 너무 많이 끓이면 우유막이 생기므로 주의한다. 스트레이너(거름망)에 걸러 컵에 담으면 완성된다.

1   2   2-1   3   4

Tea Recipes 08-1

홈메이드 아이스 차이

추운 겨울 온몸을 데워 주는 맛있는 차이.
한여름 무더위를 날려 버릴 수 있게 시원하게 즐겨 보자.

준비하기   아크바 실론 티백 3개, 믹스드 스파이스(계피, 정향, 카다멈, 후추) 한 줌, 월계수잎 2장, 물 120ml, 설탕 1티스푼, 우유 100ml

만들기   1. 밀크팬에 물과 스파이스를 넣은 후 끓인다. 물이 끓어오르면 티백을 넣고 약한 불에서 우러나게 5분 정도 둔다. 차이 티백이 있는 경우 차이 티백 3개를 활용하면 따로 믹스드 스파이스가 필요 없다.

2. 진하게 우러난 1번에 설탕을 넣고 잘 섞는다.

3. 얼음을 가득 담은 컵에 거름망을 대고 2번을 부어 준다. 우유를 넣으면 완성된다.

1   2   3   3-1

10

러블리 비글로,
선물하고 싶은 마음

패키지도 맛도 사랑스러워 보기만 해도 눈이 하트로 변해 버리는 브랜드가 있다. 각각의 차 이름에 맞게 앙증맞고 귀여운 일러스트를 선보이는 미국의 비글로Bigelow다. 패키지뿐만 아니라 티백 하나하나에 컬러풀한 색상과 깜찍한 그림을 그려 넣어 보기만 해도 기분이 좋아진다. 눈만 즐거운 게 아니다. 보통 맛을 표현할 때 귀엽다는 말을 쓰지는 않지만 비글로 차의 맛은 정말 귀엽다. 결코 과하지 않지만 각각의 차의 개성을 똑소리 날 정도로 잘 표현했다. 어찌 보면 살짝 장난스럽다는 느낌을 주기도 하는데 덕분에 기분 전환에 좋다.

특히 발렌타인데이를 겨냥하여 나온 스위트 하트 시나몬Sweetheart Cinnamon과 화이트 초콜릿 키세스White Chocolate Kisses는 하트와 입술 그림이 그려져 있어 보기만 해도 행복해진다. 스위트 하트 시나몬은 달콤한 사과와 허브티의 키스라는 부제가 적혀 있는데 정말 아찔할 정도로 달콤하다. 시나몬과 사과가 만난 보통의 허브차와 달리 당도와 향이 무척 강하다. 보통 허브차에서 단맛이 난다고 하면 어김없이 치커리가 들어 있는데, 신기하게도 구운 치커리가 단맛을 내서 설탕을 넣지 않아도 달콤함이 느껴진다.

티백에 하트와 키스가 남발되어 있는 화이트 초콜릿 키세스는 달콤한 초콜릿의 맛이 풍부하게 느껴져서 홍차라기보다는 코코아를 마시는 기분이 든다. 코코아 파우더가 듬뿍 들어 있어 달짝지근한 초콜릿의 맛이 입에서 그대로 느껴진다. 밀크티로 마시면 더욱 황홀하다. 우유에 진한 초콜릿을 녹여 마시는 기분인데 핫초코를 마신 후의 텁텁함까지 그대로 닮았다.

색다른 맛과 향에 모으는 재미까지 있는 비글로,
누군가와 나누는 행복을 느끼게 해 준 고마운 브랜드다.

비글로는 아기자기한 그림과 컬러풀한 포장이 매력적이다.

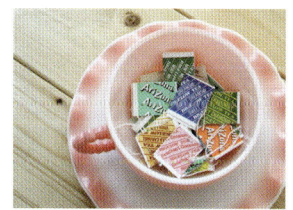

비글로에는 재미있는 차가 많다. 계란술로 알려진 에그노그를 따라 만든 에그노깅Eggnogg'n은 계란의 비릿함이 슬쩍 느껴질 정도로 사실적이다. 펭귄이 눈 속에서 썰매를 타고 있는 앙증맞은 일러스트가 차 마시는 재미를 더한다. 가을에 어울리는 펌프킨 스파이스Pumpkin Spice는 호박과 시나몬, 생강이 가향된 차다. 그 밖에도 프렌치 바닐라French Vanilla처럼 차인지 커피인지 헷갈리게 만드는 것도 있고 부드러운 바닐라와 화끈한 차이의 풍미를 잘 살린 바닐라 차이Vanilla Chai도 매력적이다.

귀엽고 재미있는 차 외에도 얼 그레이Earl Grey나 잉글리시 티타임English Tea Time 같은 정통 홍차도 흠잡을 곳이 없다. 특히 비글로의 얼 그레이는 베르가못향이 풍부해서 개인적으로 최고로 손꼽는 얼 그레이 중 하나다. 민트 메들리 역시 민트를 좋아하는 사람이라면 꼭 권하고 싶다. 보기만 해도 싱그럽고 발랄한 초록색의 티백에 각종 민트를 적절하게 조합하여 최적의 맛을 선사해 준다. 역시 내가 최고로 손꼽는 민트차다.

마시는 재미뿐만 아니라 보는 재미, 수집하는 재미에도 중점을 두는 내게 비글로는 최고의 브랜드라 할 수 있다. 수집이나 선물하는 재미가 쏠쏠하다. 차를 모르는 사람에게 비글로 티백을 몇 개 담아 선물하면 무척이나 좋아한다. 예쁜 포장에서 한 번 감탄하고 맛에서 감동한다. 귀엽고 재미있으면서도 부드럽고 은은한 맛과 향은 많은 사람의 마음을 사로잡는 것 같다. 언젠가 우리나라에서도 이런 완소차가 생산되는 날이 오면 좋겠다.

홍차의 샴페인, 다즐링 이야기

11

다즐링Darjeeling은 와인과 가장 비슷한 홍차다. 다원이나 수확 시기에 따라 맛과 향이 달라질 뿐만 아니라 처음으로 수확한 첫물차들은 와인의 보졸레 누보처럼 고가에 거래가 이루어진다고 한다. 그런 다즐링은 참으로 오묘하고 매력적인 차다.

다즐링을 처음 마셨을 때는 홍차를 처음 맛보았을 때처럼 '이게 도대체 뭐가 맛있다고 마시는 걸까?'라는 의문이 생겼다. 내가 처음 마셨던 다즐링은 티백에 들어 있었다. 티백 홍차가 전부 다 맛이 없다는 건 아니지만 다즐링의 오묘한 맛을 잡아 내기에 부족함이 있는 건 사실이다. 그러니까 다즐링에 대해서 아는 건 쥐뿔도 없던 당시의 내가 입만 높았던 셈이다.

다즐링은 인도 북동부 히말라야 기슭에 위치하는데 기문, 우바와 함께 세계 3대 홍차로 손꼽힌다. 지역의 특성상 머스캣향을 지녔다고 해서 홍차의 샴페인이라는 멋진 별명도 갖고 있다. 3~4월에 수확되는 차를 첫물차First Flush, 5~6월에 생산되는 차를 두물차Second Flush, 가을에 수확되는 차를 가을차Auttumnal라고 한다.

첫물차는 푸릇푸릇한 빛깔의 녹색 잎으로 녹차와 가장 비슷한 맛과 향을 지녔는데 맛은 풋풋하고 떫으며 수색은 연둣빛을 머금은 연한 오렌지빛이다. 맛과 향이 가볍고 부드럽다. 두물차는 찻잎부터 확실히 갈색 빛을 띠는데 첫물차보다 좀 더 깊고 진하면서 숙성된 맛을 자랑한다. 보통 가장 인기 있고 평이 좋다. 가을차는 잎이나 수색이 확연히 진하고 섬세한 향은 떨어지지만 맛은 훨씬 깊다.

다즐링을 다시 보게 된 건 차를 좋아하는 이웃 M님의 나눔 덕분이었다. 다즐링 지역에는 정식 등록된 다원만 80개가 넘는데 그중에서도 마가렛 호프Margaret's Hope라는 다원의 다즐링 두물차를 선뜻 나누어 주신 것이다. 다원 다즐링을 접하는 건 그때가 처음이었는데 얼마나 감동했는지 개봉했을 때 다즐링의 고사리 같은 찻잎 모양이 아직도 잊혀지지 않는다.

풍부한 꽃향과 과일향을 머금고 있는 마가렛 호프의 다즐링은 향긋함이 매력적이다. 화려하면서도 묵직하고 진중한 맛을 선사해 주는 마가렛 호프의 두물차를 맛본 후 다즐링에 대한 내 생각은 완전히 달라졌다. 처음 마셨던 티백 같은 경우는 보통 다즐링 지역에 있는 여러 다원의 다즐링을 섞어서 만들고 잎을 잘게 부수어 만들기 때문에 맛과 향의 섬세함이 떨어진다. 실제로 좋은 품질의 다즐링은 따로 골라서 다원 이름을 붙여서 생산되기 때문에 제대로 된 잎차로 만났을 때의 다즐링은 정말 다르다.

우아한 향으로 유명한 정파나Jungpana, 엘리자베스 여왕이 극찬했다고 하는 오카이티Okayti, 유기농 차 재배로 유명한 셀림봉Selimbong과 마카이바리Makaibari, 장미향이 으뜸인 고팔다라Gopaldhara, 여성스럽고 여리여리한 푸타봉Puttabong, 다즐링의 최고봉이라 불리는 캐슬턴Castleton 등 앞으로도 만나 봐야 할 다즐링은 끝이 없다.

다즐링을 전문적인 수준으로 분석하고 시음하는 이웃 J님 덕분에 귀한 다원 다즐링을 시기별로 다양하게 맛보곤 한다. 따로 향을 더한 것도 아닌데 찻잎 자체에서 이토록 다양하고 섬세한 맛과 향이 느껴진다니, 불가사의가 아닐 수 없다.

수확 시기에 따라 각각 다른 수색을 보여 주는 다즐링.
첫물차는 홍차임에도 녹차의 싱그러움을 닮았다.

찻잎의 향을 오롯이 느끼고 싶을 때는 다원 다즐링을 찾는다. 모든 다원의 차를 구하기가 쉽지는 않지만 한번 다원 다즐링의 세계에 발을 들여놓은 이상 빠져나갈 길이 없다. 어떤 가향차도 이보다 더 향기롭거나 신비로울 수가 없다. 순하고 부드러운 첫물차도, 머스캣향이 풍부하게 느껴지는 두 물차도, 진하고 깊은 매력을 지닌 가을차도 어느 하나 빼놓을 수 없다. 다 즐링은 하나의 이름을 가졌지만 천의 얼굴을 지녔다. 홍차의 진지한 매력 에 빠져 보고 싶다면 반드시 다즐링을 마셔 보라.

Tea Recipes 09

얼 그레이 잼

빵에 발라 홍차에 곁들여도 좋고
친구에게 선물하기도 좋은 얼 그레이 잼을 만들어 보자.

준비하기 우유 400ml, 생크림 200ml, 설탕 160g, 얼 그레이 10g(잼 전체 350~400g 정도 분량)

만들기
1. 우유와 생크림, 설탕을 냄비에 넣고 중불로 끓인다. 끓어오르면 잘 저어 준다.

2. 찻잎을 넣고 약한 불에서 잘 저으면서 10분 정도 우려 색이 나오게 한다.

3. 찻잎을 걸러 내고 다른 냄비에 옮겨 담는다.

4. 약한 불에서 눌어붙지 않도록 간간이 저으면서 40분에서 1시간 정도 졸인다.

5. 걸죽해지면 뜨거운 물로 소독한 유리병에 담는다. 식으면 좀 더 굳어진다는 점을 명심하라. 식힌 후 냉장고에 보관한다.

차 문화,
생활을 바꾸는 힘

12

홍차는 유럽이나 스리랑카, 미국, 일본 등에서 수입해 오는 브랜드가 대부분이지만 홍차에 대한 관심이 지대해지면서 쟁쟁한 경쟁을 뚫고 우리나라에서도 홍차 브랜드가 탄생했다. 우리나라 브랜드이긴 하지만 찻잎은 인도나 스리랑카 등지에서 직접 가져오기 때문에 차의 품질에서 큰 차이가 난다고 할 수는 없다. 한때는 우리나라 브랜드라고 해서 색안경을 끼고 바라볼 때도 있었지만 실제로 직접 차를 마셔 본 이후에는 그런 편견이 사라졌다. 물론 영국 모 브랜드의 몇 백 년 된 전통을 무시할 수는 없지만 그런 몇 백 년의 전통이 쌓이기 위해서는 지금부터라도 우리나라 홍차 브랜드에 대한 아낌없는 관심과 사랑을 보여야 할 것이다.

다질리언Dajeelian은 얼마 전까지 홍차 시장에서 유일한 국내 브랜드였다. 얼 그레이 크림, 모카 마주르카, 허니부쉬 캐러멜Honey Bush Caramel 등 다양한 블렌딩을 시도하고 품질 좋은 다원의 차들을 직접 들여와 판매하고 있다. 쉽게 구입할 수 있다는 장점과 다양한 블렌딩의 시도는 홍차의 대중화에 일조하고 있다. 다질리언이라는 우리 브랜드가 조금씩 발전하고 커 가는 모습을 보면 왠지 모르게 뿌듯한 기분이 든다.

아레스 티Ares Tea는 소녀적인 감성이 물씬 풍기는 틴이 인상적이다. 볼 때마다 언젠가 하나씩 다 사 모으겠다고 다짐하게 된다. 운남, 우바, 누와라엘리야 등 흔히 찾아볼 수 없는 홍차를 만나볼 수 있다는 점이 아레스 티의 매력 중 하나다. 우리 차가 발전하면 그만큼 홍차에 대

한 우리의 위상도 높아지고 유럽의 쟁쟁한 브랜드에도 굽신거릴 필요가 없어진다며 야심차게 말하는 아레스 티 사장님을 보며 우리나라 홍차의 밝은 미래를 상상해 본다.

오설록은 홍차가 주는 아니지만 우리나라 차 발전에 크게 이바지하고 있다. 우리나라의 차문화 발전에 크게 기여한 태평양이 만든 오설록은 우리 차에 전통적인 다양한 제조법과 발효법을 적용시켜 한국의 차를 세계에 알리고 있다. 일반인들이 접하기엔 고가라는 점이 조금 아쉽긴 하지만 그만큼 품질 좋은 차를 공급하고 있다고 믿는다. 명동이나 인사동에 있는 오설록 티하우스는 외국인뿐만 아니라 우리나라 사람들도 차 문화를 쉽게 접할 수 있도록 해 준다.

그 밖에도 사루비아 다방이 있는데 여기는 뒤에서 좀 더 자세히 소개할 생각이다. 이런 우리나라 차 브랜드가 많이 알려졌으면 하는 바람이다. 외국에 널리 알리려면 자국에서 우선 많이 알려져야 할 것이다. 나부터도 유명 브랜드의 차를 자꾸만 찾게 되는 게 사실이긴 하지만

이렇게 조금씩 성장하는 우리 브랜드에 대해 지속적인 관심을 가져야 한다고 생각한다. 생각
난 김에 다질리언과 아레스 티에서 차를 구입해야겠다. 새로 들어온 다원 차를 구입할 생각
이었는데 이왕이면 같은 차라도 우리 브랜드에서 구입하도록, 나부터 작은 지원을 시작해 봐
야겠다.

4

네 번째 홍차,

작은 행복을 나누다

티백 꽁다리, 타가롱, 찻잔, 티포트, 티포르테…….

홍차를 알기 전에는 몰랐던

작고 아기자기한 행복들이다.

온몸이 근질거리게 만드는

홍차의 특별한 마법 속으로 빠져든다.

홍차 티백과
꽁다리 수집의 묘미

한 잡지사의 기자로부터 연락이 왔다. 블로그의 티백과 틴 수집에 대한 포스팅을 봤다며 수집가에 대한 기사를 쓰고 있는데 혹시 응해 줄 수 있느냐는 내용이었다. 잡지 촬영은 처음이라 기대 반 두려움 반으로 촬영날을 기다렸다. 다행히 집에서 진행하는 촬영이라 큰 어려움은 없었고 좋아하는 일을 하면서 이렇게 새로운 세계를 경험할 수도 있다는 사실이 놀라웠다.

기자와 사진 작가가 집에 도착한 후 우리 집은 그야말로 난장판이 되었다. 갖고 있는 티백과 틴, 찻잔과 티포트, 홍차 관련 소품들을 모조리 끄집어 낸 것이다. 천여 개가 넘는 각종 티백부터 브랜드별로 모아둔 틴과 아기자기한 일러스트가 눈에 밟혀 차마 버리지 못한 박스, 빈티지에 꽂혀 수집하기 시작한 찻잔, 마신 후 티백을 버리지 못해 모아 두었던 스크랩북……. 작은 박스에 차곡차곡 모아 두었던 티백들을 끄집어내니 그 수가 어마어마했다. 내가 이렇게 많은 티백을 소장하고 있는 줄은 미처 몰랐다. 촬영온 사람 모두 굉장한 양에 놀라움을 금치 못했고 그것들을 수집한 나조차도 놀라 입을 다물지 못했다.

사실 티백이나 꽁다리, 찻잔 등을 처음부터 수집하려는 목적으로 모았던 건 아니다. 단지 나라별, 브랜드별로 각양각색인 티백과 꽁다리를 구경하는 재미가 쏠쏠해 덕분에 홍차 마시는 일이 더욱 즐거웠기 때문이다. 같은 이름이라도 브랜드별로 티백의 일러스트가 천차만별이었고 모아 놓고 보면 더없이 신기했다. 티백 끝에 달린 작은 꽁다리 역시 브랜드별로 톡톡 튀

는 개성이 담겨 있는데 그런 세심한 곳까지 신경을 쓴다는 사실이 놀라웠다. 티백을 마신 후 꽁다리를 공병에 하나둘 모으기 시작한 것이 어느새 병이 몇 개나 꽉 차서 재미있는 인테리어 소품으로 이용되었다. 투명한 병 안으로 생김새와 크기, 색깔이 각각 다른 티백 꽁다리들이 옹기종기 모여 있는 모습을 보면 괜시리 뿌듯해진다. 꽁다리를 더 많이 모으려고 주구장창 티백만 마셨던 적도 있다.

특히 얼 그레이를 좋아해서 얼 그레이 하나로 각종 브랜드의 티백을 모아 본 적이 있다. 같은 얼 그레이지만 브랜드별로 전부 맛이 다르듯 티백의 재질부터 색상, 담긴 그림 하나하나 각자의 개성이 가득하다. 같은 얼 그레이가 이렇게 다양한 얼굴을 갖고 있다는 게 그저 재미있어서 수집해 둔 얼 그레이 티백을 보고 또 보기도 했다.

처음에는 티백을 마실 때 칼로 최대한 자국이 남지 않도록 조심스레 개봉해서 내용물만 살살 빼고 겉봉은 스크랩북에 정성껏 붙여 보관했다. 그러다 어느 순간부터는 시음용과 수집용으로 티백을 꼭 두 개 이상 가져왔다. 하나는 맛을 보고 다른 하나는 통째로 수집하기 시작한 것이다. 수집용 홍차는 평생 개봉하지 않고 대대로 물려 줄 생각이다. 지나치다면 지나칠 수도 있겠지만 내용물이 들어 있는 온전한 모습 그대로 수집하고자 하는 마음은 홍차 생활에 즐거움을 더해 주는 작은 사치다.

이 정도 사치쯤은 누릴 만하지 않을까. 지금도 티백을 보면 코를 킁킁대며 즐거워하는 어린 딸이 큰 후에, 둘이 이마를 맞대고 앉아 티백을 하나씩 꺼내 구경하면서 도란도란 이야기를 나누는 모습은 상상만으로도 행복하다. 어쩌면 딸도 자신의 딸과 그런 시간을 갖게 되는지도 모른다. 수집이라는 건 그래서 더 행복한 것 같다. 작지만 소중한 무언가를 하나하나 모아 간다는 건 나 자신을 위한 기쁨이기도 하지만 한참의 시간이 지난 후에 과거의 시간을 함께 누리지 못하는 사람에게 작은 즐거움과 놀라움을 선사해 준다. 너무 거창할지도 모르지만 난 내가 수집하는 티백에서 오래도록 이어지게 될 행복의 향기를 느낀다.

티백 하나하나 모으는 재미도 쏠쏠하지만,
먼 훗날 티백을 보면서 나누게 될 소중한 추억 이야기가 더욱 기다려진다.

02 타가롱,
앙증맞게 홍차 즐기기

"이건 뭐야? 정말 예쁘다, 새로 나온 콤팩트?" 이걸 보는 사람은 누구나 이렇게 반응한다. 앙증맞은 크기의 동그랗고 납작한 틴은 색색별로 화려하기 그지없다. 여자들이 작은 백을 뒤져 스윽 꺼내 들 것처럼 보이는 이것은 바로 타가롱. 하니 앤 손스^{Harney & Sons}에서 고급스러운 샤세 티백을 3~5개 정도 담아서 파는 앙증맞은 라인이다.

홍차가 담긴 양철통을 캐디^{Caddy} 혹은 틴^{Tin}이라고 말한다. 사실 마리아쥬나 포숑처럼 고급스러운 틴이라든지 카렐처럼 앙증맞고 귀여운 일러스트로 유혹하는 틴을 보면 사고 싶어지는 게 사람의 마음이다. 하지만 한두 개만 모아도 부피가 너무 커지는 틴에는 웬만하면 욕심을 부리지 않자는 게 내 방침이다. 나는 수집하는 건 티백과 꽁다리로 만족하고 아무리 화려하고 고급스럽고 귀엽고 깜찍하더라도 꾹 참고 틴 대신 저렴한 리필백을 주로 구입하는 편이다. 차는 수집하는 게 아니라 마시는 거라는 본래의 목적을 잊지 말자고 다짐한다.

이런 굳은 다짐을 무너뜨린 것이 다름 아닌 타가롱이다. 3~5개의 샤세 티백이 들어 있어 부담 없이 구입해 다양하게 맛볼 수 있다. 자리도 별로 차지하지 않고 흔히 볼 수 없는 고급스러운 디자인까지 갖추고 있어 자꾸만 욕심이 난다. 결국 어느새 색색의 타가롱을 질러 버리게 된다.

허브티부터 홍차, 녹차까지 다양한 종류의 타가롱 중에서 가장 아끼는 건 바로 웨딩^{Wedding}과 마더스 부케^{Mother's Bouquet}다. 은색의 동그란 틴에 고급스러운 문양이 새겨진 웨딩은 앞

고마운 마음을 전하고 싶을 때, 아기자기한 모양의 타가롱을 선물해 보라.
받는 것만으로도 기분 좋아지는 선물이 될 것이다.

서도 소개했듯이 선물용으로 좋지만 앙증맞은 작은 타가롱은 소장 가치가 있다. 'A Tea for Marriage'라는 문구가 인상적이다. 깔끔한 백차에 레몬과 바닐라의 은은함이 멋스럽게 퍼져 나오고 잎 사이사이에 붉은색 장미꽃잎이 들어 있어 결혼식의 화려함을 떠올리게 된다.

마더스 부케는 캐모마일에 은은한 오렌지향이 더해진 차로 화려한 장미꽃과 콘플라워, 그리고 노란색 캐모마일을 보면 부케의 화사함이 그대로 느껴진다. 갓 피어나는 새색시 같은 발랄한 느낌보다는 우아함이 물씬 느껴지는 부케. 핑크빛 꽃이 그려진 마더스 부케 타가롱은 생각하면 가슴 한구석이 찡해지는 엄마를 위한 선물로 좋다.

동글동글한 콤팩트 모양의 타가롱을 본 사람은 하나같이 여는 법을 몰라 고개를 갸우뚱하곤 한다. 타가롱의 가운데를 꼬옥 눌러 보라. 저절로 뚜껑이 열린다. 아주 간단한 방법이지만 모르면 당황하게 되는 타가롱의 비밀스러운 뚜껑 역시 이 녀석이 가진 매력 중의 하나다. 꼭 닫혀 있지만 한 번 마음을 열면 꽃이 피어나듯 향긋한 차 내음과 함께 우리를 반겨 준다.

타가롱은 문득 감사한 마음을 표현하고 싶은 친구나 아니면 늘 티격태격 다투는 엄마, 혹은 내 자신에게 부담 없지만 감동은 큰 선물이 된다. 신비롭고 작은 타가롱 안에는 향기로운 이야기가 가득 담겨 있다.

찻잔 수집,
하나씩 모으는 재미

03

언젠가부터 남편에게 선물 받을 일이 있으면 돈으로 달라는 요구를 하게 되었다. 생일, 결혼기념일, 크리스마스……. 화려한 보석이 박힌 액세서리나 비싼 옷, 신발보다는 티타임을 위한 우아한 찻잔과 티포트에 눈이 갔기 때문이다. 특별한 날에는 특별한 티포트를 구입하고 한 달 동안 열심히 일한 대가로 눈여겨 두었던 찻잔을 구입하기도 한다. 옷가게에서 쇼핑하는 시간보다 인터넷 앤틱 찻잔 숍에서 쇼핑하는 시간이 훨씬 더 많아졌다.

차를 마시기 위해서는 적절한 도구가 필요하다. 물론 집이나 사무실에서 흔히 쓰는 머그컵으로도 충분히 차를 마실 수 있지만 티타임이 나만의 의식, 혹은 다른 사람을 위한 대접이 되려면 그에 걸맞은 도구는 필수다. 앞서도 말했지만 나는 하루에 단 한 번, 나 혼자만을 위한 작은 티타임을 갖는다. 내가 스스로를 대접하는 이 시간은 짧지만 소중하고 향기롭다. 이 시간 덕분에 여유로운 마음을 갖게 되고 내 자신을 돌아보며 하루의 스트레스를 해소하게 된다.

뭐든지 과하면 좋지 않지만 사정이 허락하는 내에서라면 자기만의 취미를 갖는 게 좋다고 생각한다. 소소한 즐거움이야말로 인생의 재미가 아닌가. 난 티타임 외에 차와 관련한 각종 수집을 취미로 갖고 있고 그로 인해 꽤 큰 만족과 행복을 누리고 있다.

처음에는 보기만 해도 가슴 설레는 앙증맞고 귀여운 소녀풍의 노리다케Noritake 찻잔을 하나둘 모으기 시작했다. 잔잔한 핑크색의 장미무늬가 사랑스러운 큐티로즈는 홍차를 좋아하는 홍차의 종류도 중요하지만 어느 찻잔이냐에 따라 홍차를 즐기는 마음가짐도 달라진다.

앤틱 찻잔으로 홍차를 마시다 보면, 어느새 찻잔의 이야기에 귀를 기울이게 된다.
소근소근 재미난 추억을 이야기하는 예쁜 찻잔에 절로 미소가 지어진다.

사람이라면 누구나 하나씩 있을 법한 인기 제품이다. 싱그럽고 따스한 녹색 빛이 감도는 플로롤라Florola와 노란색의 큼직한 꽃무늬가 매력적인 젠플라워Zenflower, 신랑 전용으로 구입해 단아한 멋이 느껴지는 파란색의 오랑주리Orangerie까지 모아 놓고 보면 더욱 예쁜 찻잔이다.

아주 유명한 노리다케의 블루 소렌티노Blue Sorentino는 문양부터 색상까지 단번에 일본 도자기 찻잔임을 알아 볼 수 있고 웨지우드의 프쉬케Wedgwood Psyche는 이름만큼이나 아름답고 색상이 신비로워 볼 때마다 반한다고 해도 과언이 아니다. 이렇게 하나둘 찻잔을 모으는 재미에 빠진 나는 지금 앤틱과 빈티지에 푹 빠져 있다.

몇 십 년이 지난 지금까지도 아름다움을 고이 간직한 앤틱 찻잔을 보면 감탄이 절로 나온다. 어느 하나 매력적이지 않은 게 없다. 엄마의 손때가 묻은 옛 주방에서나 볼 수 있을 법한 웨지우드의 리치필드Lichfield와 해서웨이Hathaway, 보는 사람마다 감탄사를 내뱉는 웨지우드 할리퀸 리본 앤 로즈Harlequin Ribbon & Rose, 푸른색이라고 표현하기에는 무척 오묘한 색상을 지닌 로열 덜튼Royal Doulton의 로즈 엘레강스Rose Elegans, 차를 담으면 슬쩍 비치는 매력을 지닌 밀크 글라스 파이어킹Milk Glass FireKing, 화려한 꽃무늬로만 봐서는 앤틱이라고 믿기 힘든 파라곤Paragon의 플라워 페스티벌Flower Festival…….

세월을 거쳐온 수많은 찻잔에는 추억이 담겨 있다. 그 추억 위로 또 나의 추억이 더해진다. 테이블보와 티매트를 조용히 깔고 정성껏 차를 우린다. 찻잔에 도로록, 차를 따르는 소리와 함께 도란도란 우리의 이야기가 시작되고 찻잔에 찻물이 배어드는 만큼 이야기와 추억이 새겨진다.

찻잔&다구&소품 구입하기

소품

찻잔, 접시

메이 팩토리 www.mayfactory.co.kr

이름부터 따스함이 묻어 나는 이곳에서는 일본풍 빈티지 소품들을 만나 볼 수 있다. 주인장의 따스한 감성이 가득 담긴 곳이다.

미스달 스튜디오 www.missdal.com

예쁜 주방, 생활 소품 등으로 가득한 이곳은 유용하면서도 아기자기한 소품들이 가득하다. 내가 자주 들르는 인터넷 숍 중 하나다.

컨츄리 앤 하우스 www.countrynhouse.co.kr

온 집안을 꾸밀 수 있는 컨트리 소품들로 가득한 곳. 한번 들어가는 순간 헤어날 수가 없다.

촘촘한 www.chomchom.kr

코렐 등의 각종 빈티지 제품을 저렴한 가격에 만나 볼 수 있는 곳. 다른 곳에서 흔히 볼 수 없는 빈티지 소품이 많다.

포홈 www.forhome.co.kr

주방, 생활 소품부터 가구, 침구까지 집을 꾸미는 데 필요한 모든 걸 갖추고 있는 곳. 특별한 이벤트가 자주 진행되니 눈여겨 보라.

라 콜렉션 www.lacollection.co.kr

웨지우드를 비롯하여 유명한 찻잔들이 한자리에 모여 있다. 홍차를 좋아하는 주인장의 센스가 포장과 사은품에서도 묻어 난다.

뮤게 www.muguet.co.kr

파이어킹을 비롯해 빈티지한 찻잔, 접시, 인테리어 소품들을 만날 수 있다. 흔히 볼 수 없는 제품이 많아 눈이 즐겁다.

베로니카숍 www.veronicashop.co.kr

쉽게 구할 수 없는 앤틱과 빈티지 찻잔을 많이 팔아 자주 들르는 곳. 정성스러운 포장 덕분에 수많은 찻잔을 구입해도 깨진 적이 없다.

04 커피 홍차가 있어 더욱 색다른 티타임

나는 한때 제대로 된 원두커피에 푹 빠져 있었다. 커피를 너무 좋아해서 임신한 몸을 이끌고 핸드 드립을 배우러 다니기도 했고 지금도 집에는 홍차 도구보다 커피 도구가 훨씬 많이 갖춰져 있다. 캡슐커피머신부터 드립 도구, 모카포트, 카페 핀, 사이폰, 그리고 직접 만든 더치 커피 기구까지. 그때그때 상황과 기분에 따라 다른 도구를 이용한다.

아무리 눈을 비벼도 잠이 깨지 않는 아침에는 캡슐커피머신으로 에스프레소를 진하게 한 잔 뽑아 마시고, 라떼와 카푸치노를 먹고 싶을 때는 모카포트로 에스프레소를 뽑아 만들어 먹는다. 한여름에는 카페인도 적고 시원하게 마실 수 있는 더치 커피를 밤새 추출해 냉장고에 넣어 두고, 비가 내리는 날에는 어김없이 알코올램프가 멋스러운 사이폰 커피를 마신다.

하지만 가장 많이 즐기고 또 좋아하는 건 바로 핸드 드립 커피다. 나뿐만 아니라 남편도 핸드 드립 커피를 가장 좋아해서 드립 커피를 마시고 싶을 때면 내 눈치를 보다가 "오늘은 제대로 된 커피 한 잔 마셔볼까?" 하고 한마디 던진다. 예가체프와 탄자니아 스노탑, 과테말라 원두를 즐겨 마시지만 입맛이 까다롭지 않아 케냐 AA라든지 홍해 블렌드와 같은 다양한 원두를 고루 맛보곤 한다. 집 앞에 산책을 나갔다가 갓 볶은 원두를 사서 들어오는 날은 당연히 드립 커피를 맛본다. 원두에 따라, 드립할 때의 기분과 날씨에 따라 추출되는 커피는 천차만별이다. 그 새로움과 다양함이 참 좋다.

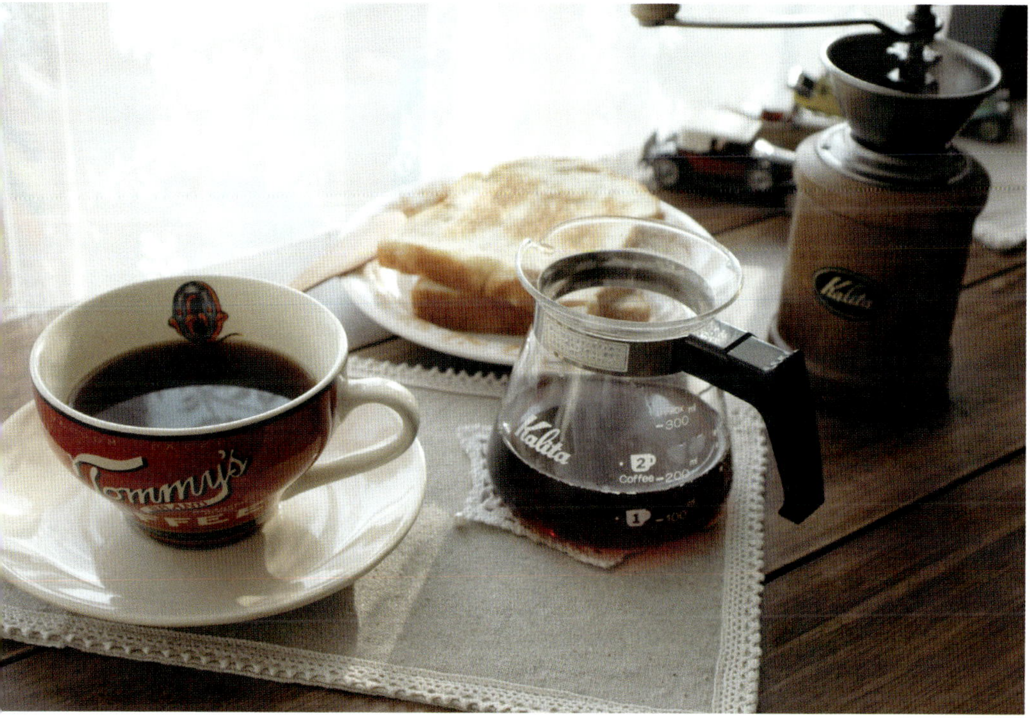
Tommy's
Kalita
300
Coffee
200
100
Kalita

Kalita

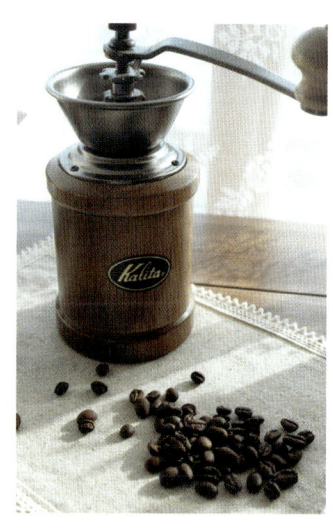

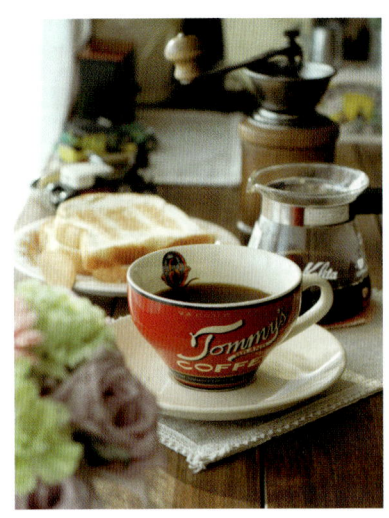

그런 새로움을 맛볼 수 있는 또 하나의 방법이 바로 홍차 커피^{혹은 커피 홍차}다. 티백을 뜯어 자잘한 찻잎과 갓 볶은 원두를 함께 드립하는 것이다. 구수한 향이 일품인 테일러스 오브 헤로게이트_{Taylors of Harrogate}와 역시 고구마향과 같은 단내와 구수함으로 알려진 예가체프의 궁합은 최고다. 맛과 향이 비슷한 원두와 차를 선택하는 게 중요하다. 너무 개성이 뚜렷한 차와 커피가 만나면 자칫 잘못하다가 두 가지 맛을 모두 잃을 수도 있다.

홍차 커피는 진하고 깊은 커피향 뒤에 어딘지 모르게 쌉싸름하고 미묘한 홍차의 맛이 더해져서 커피에서도, 홍차에서도 찾아볼 수 없는 매력을 선사해 준다. 커피는 커피대로, 홍차는 홍차대로의 색을 내뿜고 있지만 두 가지가 조화롭게 어우러져 각각을 구별해 내기가 힘들다. 홍차와 커피가 따로 있는 것이 아니라 홍차 커피로 새롭게 태어난 맛이랄까. 색다른 시도와 새로운 맛으로 만족스러운 커피 & 티타임을 즐기게 된다.

예가체프와 요크셔 골드가 만나면 구수함과 감칠맛은 한층 더해지고 맛과 향 또한 깊고 풍부해진다. 커피에서도, 홍차에서도 찾아볼 수 없는 매력이 더해진 홍차 커피가 핸드 드립이라는 마법에 걸려 허전하고 쓸쓸한 마음을 가득 채워 준다.

Tea Recipes 10

캐러멜 밀크티

추운 겨울날, 홍대에 있는 작은 밀크티 카페 '델문도'에서 맛보았던 캐러멜 밀크티의 달콤함은 잊을 수가 없다.
달콤함의 극치, 델문도의 캐러멜 밀크티를 집에서도 만들어 보자.

준비하기 잉글리시 브렉퍼스트나 아쌈 등의 찻잎 6g, 설탕 2티스푼, 물 150ml, 우유 150ml

만들기

1. 밀크팬에 설탕을 넣고 잘 펼친 다음 약한 불에서 설탕을 녹인다. 이때 설탕을 젓지 말고 밀크팬을 흔들며 골고루 녹여 주는데 설탕이 캐러멜화될 때까지 녹이면 된다.

2. 설탕이 캐러멜이 되고 뽑기 냄새가 나면 우유 150ml를 밀크팬에 부어 준 후 불을 중간 불로 키운다. 찬 우유가 들어가면 캐러멜이 딱딱하게 굳어지지만 곧 모두 녹기 때문에 걱정할 필요 없다.

3. 찻잎을 뜨거운 물 150ml에 3분 간 우린다. 우려낸 찻잎과 물을 밀크팬에 부어 준 후 1분 정도 살짝 데워 끓어오르기 전에 불을 끈다.

4. 찻잎을 걸러 내고 컵에 따르면 완성된다.

1   2   3   4

과일차,
여름철 필수아이템

\# 05

겨울에는 하루가 멀다 하고 밀크티와 차이를 마신다면 여름에는 매일 과일차를 거르지 않고 마신다. 여름철에는 보기만 해도 시원해지는 라임색과 산딸기 수색의 냉침 음료가 냉장고에서 떨어질 날이 없다. 더운 여름에 손이 절로 가는 청량음료나 이온음료 대신 우리 집 냉장고에는 비타민C가 가득 들어 있는 상큼한 과일차가 항시 대기 중이다.

과일차라고 하면 과일을 주재료로 만든 차를 말하는데 허브나 꽃 등을 더하는 경우도 있다. 특히 과일차에서는 신맛을 내는 빨간색의 히비스커스를 쉽게 볼 수 있는데 이는 시큼한 맛과 함께 붉은색의 수색을 만들어 준다. 이런 과일차뿐만 아니라 홍차에 복숭아, 레몬, 라임, 파인애플 등의 과일향을 더한 과일향 홍차도 냉침용으로 아주 좋다.

보통 아이스티를 만들 때는 차를 진하게 우려낸 후 얼음이 가득 담긴 컵에 우려낸 차를 부어 급랭시키는 방법을 사용하는데, 이 경우 차의 떫고 쓴맛이 추출되거나 맛과 향에 깊이가 없지만 냉침을 이용하면 차의 맛이 부드러워지고 향이 은은하면서도 깊고 진해 훨씬 섬세한 맛을 즐길 수 있다. 냉침을 하는 방법은 간단하다. 500ml 정도의 물에 티백 1개, 혹은 찻잎을 3~5g 정도 넣고 냉장고에 하루 동안 넣어 둔 후 티백이나 찻잎을 걸러 내고 마시면 된다. 급하거나 바쁘게 만들어야 할 경우 급랭의 방법을 이용하지만 냉침으로 한 번 맛본 후에는 자꾸만 냉장고에 냉침 병을 쌓아 두게 된다.

생수 외에도 단맛을 느끼고 싶다면 사이다 냉침도 가능하다. 체리향이 도는 루피시아의 사쿠란보는 사이다 냉침의 단골 손님이다. 500ml 사이다를 한 모금 마신 후에 찻잎을 5g 정도 넣고 뚜껑을 덮은 후 병을 뒤집어 냉장고에 하루 정도 넣어 둔다. 찻잎과 사이다의 기포가 반응하여 폭발하는 경우가 있기 때문에 한 모금 마셔 주는 게 좋고 탄산이 빠져나가지 않도록 병을 거꾸로 세워 두는 게 중요하다. 단맛은 싫은데 탄산을 원한다면 페리에와 같은 소다수를 활용하는 방법도 있고 위타드의 베리베리베리 같은 경우는 요거트 냉침으로도 즐긴다. 막걸리나 소주 등 알코올에 냉침시켜 색다른 시도를 하는 사람도 있다.

다양하고 수많은 과일차, 홍차 중에서도 여름이면 단연 돋보이는 건 바로 위타드의 과일차다. 큼지막한 과육이 듬뿍 들어 있어 보기만 해도 즐거워진다. 인공적인 향이 아닌 직접 말린 과육 덩어리를 눈으로 확인하는 순간 건강한 음료를 마시는 기분이 들어 더욱 즐겁다. 위타드의 과일차를 개봉하면 말린 과일 조각들을 하나둘 집어 먹는 재미도 쏠쏠하다.

포도와 엘더베리 블랙커런트 등의 베리가 들어 있는 위타드의 베리베리베리Very verry berry는 일명 쓰리베리라고 불리는데 새콤 달콤함이 일품이어서 여름이 올 때마다 최고의 인기를 누린다. 체리콕을 좋아한다면 와일드 체리Wild Cherry를 추천한다. 이름만으로도 체리향이 가득한 와일드 체리는 특이하게도 콜라 냉침에 잘 어울린다. 콜라의 톡 쏘는 맛과 체리가 어우러져 환상적인 맛을 선사해 준다. 카페에서 사 먹는 체리콕이 부럽지 않다. 서머 스트로베리Summer Strawberry는 발랄한 딸기향이 매력적이다. 풍선껌이 생각나는 달콤한 딸기향과 새콤한 사과향은 여름 내내 마셔도 질리지 않는다. 블루베리 앤 요거트Blueberry & Yorgurt는 다른 과일차와는 좀 다르다. 달콤하고 사실적인 요거트향에 상큼한 블루베리와 사과 향이 어우러져 한 입 마시는 순간 행복한 미소가 가득해진다.

무더운 여름이 되면 누구나 시원한 음료를 찾게 된다. 청량음료나 이온음료 대신 과일이 듬뿍 들어가 있는 과일차를 마셔 보는 건 어떨까. 건강에도 좋고 맛도 좋고 일석이조다. 상큼한 과일차는 여름을 기다리게 만드는 또 하나의 즐거움이다.

큼지막한 과육과 허브 등이 어우러져 맛 좋고 싱그러운 과일차가 만들어진다.

위타드 핫초콜릿,
겨울에만 느끼는 로망

06

김이 서린 창가에 앉아 호호 불며 마시는 뜨거운 핫초콜릿은 누구나 꿈꾸는 겨울의 로망이다. 진한 핫초콜릿 사이로 하얀 마시멜로가 몇 개 동동 떠 있다면 더할 나위 없이 행복하다. 밀크티를 알기 전에 겨울이 되면 자주 찾은 것이 바로 핫초콜릿이다. 진하고 달콤한 핫초콜릿 한 잔이면 몸도 마음도 따뜻해진다.

홍차 외에 핫초콜릿에도 보지도 듣지도 못했던 신세계가 있었으니 바로 대표적인 영국 홍차 브랜드인 위타드 오브 첼시Whittard of Chelsea다. 상상을 초월하는 수많은 홍차와 각종 과일 차로도 부족해 겨울 시즌을 노리는 다양한 핫초콜릿 라인이 자꾸만 나를 유혹한다.

흔히 볼 수 있는 캐러멜 핫초콜릿Caramel Hot Chocolate과 시나몬 핫초콜릿Cinnamon Hot Chocolate부터 시작해 밀키하고 부드러운 코코넛 핫초콜릿Coconut Hot Chocolate, 캐모마일과 꿀이 더해져 한겨울 잠자리에 도움을 주는 묘한 매력의 드림타임 핫초콜릿Dreamtime Hot Chocolate, 감기 기운이 있을 때 제일 먼저 손이 가는 생강향의 진저 핫초콜릿Ginger Hot Chocolate 등이 있다.

그뿐만이 아니다. 공정무역과 유기농 용법을 통해 만들어진 페어트레이드 오가닉 핫초콜릿 Fairtrade Organic Hot Chocolate과 절제된 달콤함과 실크처럼 부드러운 맛을 자랑하는 럭셔리 핫초콜릿Luxury Hot Chocolate, 그리고 소비자의 칼로리를 배려한 럭셔리 스키니 핫초콜릿

추운 겨울, 따끈한 핫초콜릿 한 잔이면 세상을 다 얻은 듯 행복감에 젖어 든다.

Luxury Skinny Hot Chocolate도 있다. 처음에 럭셔리 핫초콜릿이라는 이름을 보고 '핫초콜릿이 럭셔리해 봤자지.'라며 코웃음을 쳤는데, 달시 않고 은은하면서노 싶은 맛이 느껴져 고급스럽다는 생각이 절로 든다.

특별한 날에 어울릴 만한 상쾌한 느낌의 민트 핫초콜릿Mint Hot Chocolate, 오렌지가 톡톡 터질 것만 같은 오렌지 핫초콜릿Orange Hot Chocolate, 이름만으로도 달콤함이 한가득 느껴지는 스트로베리 화이트 핫초콜릿Strawberry White Hot Chocolate과 화이트 핫초콜릿White Hot Chocolate도 있다. 화이트 핫초콜릿의 경우, 카카오의 버터만을 이용해 만들었기 때문에 달콤하고 크리미하지만 카페인이 없다. 카페인이 민감한 사람이라면 화이트 핫초콜릿으로 달콤함을 충전하면 될 것 같다.

줄리엣 비노쉬와 조니 뎁이 주인공으로 나오는 신비로운 영화 〈초콜릿〉을 보면 초콜릿에 고춧가루를 곱게 갈아 넣으면 입을 뗄 수 없을 정도로 환상적인 맛을 느낄 수 있다는 내용이 나온다. 실제로 핫초콜릿에 고춧가루를 갈아 넣어 본 적은 없지만 위타드의 아즈텍 칠리 핫초콜릿Aztec Chili Hot Chocolate을 마셔 보면 감히 그 맛을 상상할 수 있다. 매콤한 칠리의 맛이 더해진 아즈텍 칠리 핫초콜릿은 거부할 수 없는 매력이 있다.

핫초콜릿을 더욱 맛있게 즐기는 방법이 있다. 보통 머그컵에 우유를 넣고 전자레인지에 데운 후 핫초콜릿 파우더를 넣는데 조금 번거롭더라도 밀크팬을 이용해 보라. 밀크팬에 우유와 핫초콜릿 파우더를 넣고 잘 저어 주면서 약한 불에서 데워 가장자리에 기포가 생기기 직전에 불을 끈다. 좀 더 부드러운 맛을 원하면 생크림을 1티스푼 첨가해도 좋다. 우리집의 핫초콜릿 비법은 밀크팬이다. 우리집에서 핫초콜릿을 마시고 맛있다며 브랜드를 물어보는 경우가 있는데 중요한 건 브랜드가 아닌 밀크팬이다. 실제로 밀크팬에서 만든 핫초콜릿은 맛이 다르다. 훨씬 깊고 부드러우면서 입안에 착착 감기는 감칠맛이 돈다. 정성 때문일까. 그래도 믿어지지 않는다면 오늘 당장 시도해 보라. 전자레인지에 데운 핫초콜릿은 쳐다보지도 않게 될 것이다.

07 공예차, 찻잔에 꽃 피우기

"어머, 정말 예쁜 꽃이 피네? 빨간색, 노란색, 알록달록 예쁘기도 해라!"
어른들을 집에 모실 때면 식후에 반드시 꽃차를 대접한다. 화려한 꽃을 피우는 중국의 공예
차는 한없는 즐거움을 선사해 주며 누구나 좋아하는 재스민차라 마시기에도 부담이 없다. 길
죽한 유리병이나 저그에 뜨거운 물을 가득 담고 동글동글 말린 공예차를 하나 넣어 우리면
시간이 갈수록 잎이 조금씩 벌어지면서 아름다운 꽃을 피운다.

공예차는 일일이 수작업으로 만들기 때문에 대단한 정성이 깃들어 있다. 많은 정성을 기울인
만큼 공예차 속에 숨어 있는 꽃은 절대 서둘러 피지 않는다. 다들 숨을 죽이고 작은 잎 속에서
꽃이 피어오르기만을 기다린다. 어떤 꽃이 피어날지 상상의 나래를 펼치는 그 순간이 참 좋다.

마침내 작은 잎이 모두 벌어지고 화려하면서도 단아한 꽃이 피어오른다. 유리병 속에서 피어
난 작은 꽃 한 송이에 이토록 행복해질 수 있다는 게 그저 신기할 뿐이다. 공예차는 때론 눈부
시게 강렬한 빨간색 꽃을, 때론 깨끗하고 순결한 흰색 꽃을 숨기고 있다. 하지만 꽃차는 하나
같이 기다리는 사람에게 작은 기쁨과 큰 웃음을 선사해 준다.

피어난 꽃을 감상하면서 마시는 재스민차는 색다르다. 눈앞에서 갓 피어난 꽃을 바라보며 사
람들은 만면에 웃음꽃을 가득 피운 채 도란도란 이야기를 나눈다. 특히 웃을 일이 별로 없는
근엄한 표정의 어른들은 꽃차의 등장에 어린아이처럼 까르르 즐거워하며 웃음보를 터트린
다. 정성으로 만들어져 더욱 아름다운 공예차는 모두에게 웃음을 전해 주는 마법사다.

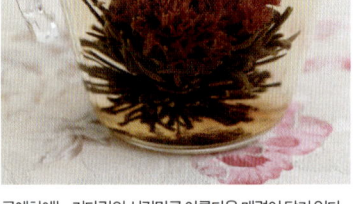

공예차에는 기다림의 시간만큼 아름다운 매력이 담겨 있다.

放肆情人
Wild Lover

사르륵 피어오르는 공예차는 마시는 순간 꽃 한 송이를 머금은 듯 향기롭다.

홍차는 어떻게 우리느냐에 따라 맛이 달라진다.
티 마스터가 알려 주는 비법으로 최고의 티 테이스팅에 도전해 보라.

08 티 테이스팅, 홍차 제대로 음미하기

홍차에 점점 빠져들게 되면서 본격적으로 관심을 갖게 된 건 바로 티 테이스팅Tea Tasting이다. 와인에 소믈리에가 있고 커피에 바리스타가 있듯이 차에는 티 마스터가 있다. 이들은 찻잎의 제조 과정과 블렌딩 과정에 참여하며 오랜 경험을 바탕으로 획득한 노하우를 발휘하여 제조되는 차의 맛과 향, 품질에 큰 영향을 미친다.

미국 브랜드인 하니 앤 손스의 경영자 마이클 하니Michael Harney가 쓴《The Harney & Sons Guide to Tea》라는 책은 티 테이스팅에 관심을 가지면서 가장 먼저 구입한 책이다. 저자는 서문에서 차를 제대로 음미하는 법을 알려 주는 게 이 책의 주 목적이라고 밝혔고 제대로 우려진 한 잔의 차는 우리를 기쁘게 만든다고 덧붙였다. 얼마나 간단하고 통쾌한 문장인가.

목적이 목적인 만큼 마이클 하니의 책에는 차를 제대로 우리고 맛보고 음미하는 법이 담겨 있다. 저자는 백차와 중국 녹차, 일본 녹차, 우롱차, 황차, 중국 홍차, 영국 홍차, 보이차로 나누어 적당한 물의 온도, 우리는 시간, 잎과 우려낸 찻물의 향, 차의 보디감과 차의 맛에 대해 나름의 가이드라인을 제시해 주면서 우리의 경험과 비교할 수 있도록 해 준다.

기본적인 내용이 담겨 있고 그 과정이 상세하게 설명되어 있어 티 테이스팅을 처음 접하는 사람에게는 많은 도움이 될 것이다. 녹차 같은 경우도 일본 녹차와 중국 녹차로 나누어 각각을 세분화하여 설명했기 때문에 더욱 유용하다. 티 테이스팅에 관심이 있는 사람에게, 아니면 적어도 차에 대해서 조금 더 자세히 공부해 보고 싶은 사람에게 추천한다. 잊지 말자, 제대로 우려진 한 잔의 차는 우리를 기쁘게 만든다.

얼 그레이,
강렬한 향의 유혹

09

"무슨 차가 이러니? 화장품 냄새 난다, 야."
한때 인기를 끌었던 드라마 〈내조의 여왕〉에서 극중 배우 김남주가 얼 그레이를 마시며 이혜영에게 내뱉은 말이다. 김남주의 대사에서 예전의 내 모습을 볼 수 있었다. "난 그거 화장품향이 나서 싫어." 하며 딱 잘라 거절하던 나였다. 지금은 스트레이트 티나 밀크티, 혹은 아이스티나 아이스 밀크티로도 죽죽 들이킨다. 하루 한 잔 이상 마시지 않으면 입에 가시가 돋는 기분이다.

강렬한 베르가못향 때문에 거부감을 일으키기 쉬운 얼 그레이. 이름도, 티백의 포장도 참 멋스럽고 매력적이라 잘 마시고 싶은데 생각처럼 쉽게 친해지지 않는 홍차다. 하지만 우리의 입맛은 간사하다. 얼 그레이라면 고개를 절레절레 흔들던 나였는데 어느 순간 나도 모르게 얼 그레이 중독이 되어 버렸다.

얼 그레이는 중국엽에 베르가못이라는 향을 입힌 홍차로 영국의 수상이었던 그레이 백작이 중국의 '정산소종'이라는 차를 맛보고 반해 똑같은 차를 만들려고 시도하다가 생겨났다. 얼 그레이는 각 회사별로 베르가못의 비율이 다르기 때문에 특유의 향 역시 달라진다. 딜마나 하니 앤 손스의 얼 그레이는 베르가못향이 다소 부드러운 편이라 초보자가 접하기 좋고 로네펠

너무 강렬한 향 때문에 쉽게 접근하기 어려운 얼 그레이는
한 번 빠지면 헤어날 수 없는 매력이 있다.

트나 비글로우의 얼 그레이는 향이 굉장히 진해 얼 그레이를 즐겨 마시는 사람에게 적합하다. 베르가못향은 은근히 중독성이 있어서 익숙해지면 점점 강한 걸 찾게 된다.

얼 그레이 애호가로 변한 후에 얼 그레이 티백을 수집하고 싶다는 생각이 문득 들었다. 홍차를 대표한다고 할 수 있는 얼 그레이는 회사별로 티백의 색상과 일러스트가 달라서 호기심을 자극한다. 그래서 얼 그레이 티백을 하나씩 수집하기 시작했는데, 희한하게도 대부분의 얼 그레이는 회색빛을 주로 내세우고 있었다. 아마도 그레이Grey라는 이름의 색상 때문일 것이다. 하지만 같은 회색이라도 색상과 그림이 각기 다른 티백들을 구경하는 재미는 쏠쏠하다. 얼 그레이 사랑이 계속되는 한 얼 그레이 티백 수집은 멈출 수 없을 것이다.

이런 얼 그레이에 요즘은 다양한 시도를 하고 있다. 마리아쥬 프레르의 얼 그레이 프렌치 블루Earl Grey French Blue는 푸른색의 콘플라워가 더해져 향기롭고 우아한 향으로 많은 사랑을 받고 있다. 가향의 대표주자인 실버팟에서는 얼 그레이 초콜릿, 얼 그레이 파인애플, 얼 그레이 부케, 얼 그레이 민트 등 다양한 향을 더한 얼 그레이를 선보이기도 했다. 브리즈의 윈터 얼 그레이Winter Earl Grey는 겨울이라는 이름에 어울리게 오렌지와 시나몬, 정향, 캐모마일을 더해 펑펑 쏟아지는 눈과 어울리는 얼 그레이를 만들었다. 베르가못만 더해진 순수한 얼 그레이도, 각종 향과 어우러진 얼 그레이도 그저 사랑스럽다.

Tea Recipes 11

우유 150ml는
전자레인지에 넣
고 1분 데우면 딱
좋아요.

시나몬 홍차 라떼

목이 칼칼해지는 환절기나 추운 겨울날,
진하고 알싸한 시나몬 홍차 라떼로 아침을 시작해 보자.

준비하기 실론, 잉글리시 브렉퍼스트, 아쌈 등의 잎차 5g, 시나몬 한줌, 설탕 1티스푼, 물 150ml,

우유 150ml, 거품기

만들기

1. 밀크팬에 찻잎과 시나몬을 넣고 물을 부어 끓인다.

2. 물이 끓기 시작하면 약한 불에서 3분 이상 끓여 우려낸다. 설탕 1티스푼을 넣어서 잘 저어
   준다.

3. 2의 불을 끄고 거름망에 걸러 컵에 따라 준다. 우유를 전자레인지에 넣고 따끈하게 데워서
   거품기로 거품을 낸 후 컵에 따른다.

4. 시나몬 가루를 듬뿍 뿌려 주면 완성된다.

1
2
3
4

도자기 찻잔,
직접 만드는 재미

10

에피소드 1.

난 손으로 만드는 걸 참 좋아한다. 물론 좋아만 할 뿐이고 뚝딱뚝딱 잘 만들지는 못한다. 가끔 티코스터나 작은 소품 정도를 조물조물 해서 만들곤 하지만 내가 갖거나 친한 친구들에게나 나눠 줄 뿐 남에게 선물할 정도는 아니다.

그런 내가 꼭 배워 보고 싶은 게 있다면 바로 도자기다. 언젠가 내 손으로 직접 만든 찻잔과 티포트에 차를 우려 마시리라고 다짐하곤 한다. 코엑스에서 열리는 티월드 페스티벌이나 카페쇼에 가면 볼 수 있는 직접 만든 도자기 찻잔들을 볼 때마다 가슴이 두근거린다. 찻잔 하나 하나에 담긴 정성과 땀내가 느껴지는 듯하다.

수많은 도자기 부스 중에서 특히 내 눈길을 끌었던 곳은 예쁘장하게 생긴 여자 둘이서 운영하는 부스였다. 아기자기한 소품부터 흔히 볼 수 없는 특이한 모양의 찻잔과 머그컵, 어떤 음식이라도 담아내면 더욱 먹음직스러울 것 같은 접시까지. 겹겹이 쌓여 있는 찻잔들은 소곤대며 재미난 이야기를 전해 준다. 흙냄새가 묻어나면서도

도담에서는 손으로 직접 빚은 찻잔의 흙냄새가 고스란히 느껴진다.

세련되고 멋스러운 찻잔에 절로 손이 뻗어졌다. 친절한 주인장의 미소 덕분에 더욱 푸근한 느낌이었다.

한참을 고민하고 고민하다가 세 개의 찻잔을 골랐다. 같은 듯 다른, 어떤 색깔이라고 표현해야 할지 오묘한 커플용 찻잔 두 개와 하늘빛을 머금은 색상이 너무 고와서 꼭 데려오고 싶었던 머그컵. 그들과의 티타임은 더없이 편안하고 좋았다. 흙냄새 가득한 찻잔에 담긴 차는 그저 맑고 고운 빛깔로 나를 반긴다.

삼청동에 있는 카페 마녀별쎄라에서 차를 한 잔 하고 나오다 발견한 그곳의 오프라인 숍인 도담DODAM. 정겨운 이름을 가진 이곳은 길을 오가며 부담 없이, 편안하게 들러 구경할 수 있는 곳이다. 직접 구운 찻잔에 대한 애착과 사랑이 가득 느껴져 더없이 정답다. 찻잔과 소품들에 대한 정겨움뿐만 아니라 사람에 대한 정이 가득 느껴져서 좋다. 그래서 이곳의 찻잔에 차를 마시면 마음이 한없이 따뜻해진다. 언젠가 꼭 도담과 같은 작은 공방에서 나만의 찻잔을 만들고 싶다. 삼청동 골목길에 위치하고 있던 도담은 지금은 논현동으로 자리를 옮겼다. 하지만 사람의 마음을 녹여주는 그 온기는 변함없이 그대로이다.

서울시 강남구 논현동 175-8 대운빌딩 B2
02.722.2411
blog.naver.com/dodam2411

에피소드 2.

이제 겨우 세 살 된 아이가 있는 젊은 부부인 남편과 나는 여느 부부들처럼 여유로운 중년의 삶을 꿈꾼다. 나이가 좀 들면 한적한 교외로 나가 전원주택을 짓고 밭에서 직접 키운 채소로 요리도 하고 둘만의 홈바를 만들어 와인도 즐기고…… 상상만으로도 행복해진다. 그런데 실제로 이런 일들을 꿈이 아닌 현실로 누리고 있는 사람이 있다. 바로 도예가 조애란 선생님이다.

세라워크부터 도자기까지 멋진 작품을 선보이는 조애란 선생님은 2010년 티월드 페스티벌에서 함께 열렸던 100인의 도자기전에서 멋진 자기로 동상을 수상하기도 했다. 경기도 양평에 가마와 공방, 와인 셀러까지 딸린 전원주택을 짓고 있는 조애란 선생님 부부는 우리뿐만 아니라 그분을 아는 젊은 부부들의 동경 대상이다.

우연히도 그녀의 작품을 감상할 수 있는 기회가 생겼다. 때를 놓칠세라 초기 작품부터 최근 작품까지 모조리 구경하고 사진에 담았다. 세라워크 작품도 도자기도, 어느 하나 감탄하지 않을 수가 없었다. 조심스레 작품을 꺼내 설명하는 그녀의 모습에서 진한 애정이 느껴졌다. 처음 눈길을 사로잡은 건 강렬한 빨간색 꽃그림이 그려진 티포원이었다. 세심하면서도 힘찬 선과 화려하고 대담한 색의 조화가 눈길을 끌었다. 세라워크가 이토록 매력적일 수 있는지.

첫 작품이라며 수줍게 꺼내 주시는 긴 머그컵부터 푸른색과 다홍색의 조화가 눈에 띄는 찻잔, 시원스러운 색감과 그림이 매력적인 에스프레소잔, 피카소의 오묘함이 떠오르는 티포트까지. 어느 작품에서도 눈을 뗄 수가 없었다.

투박한 멋스러움이 묻어나는 다기 세트와 사발, 숙우(우려낸 차를 식히는 도구)의 빚어 낸 모양과 질감은 그야말로 최고다. 그녀의 작품에서는 감히 범접할 수 없는 화려함보다는 매일 만나지 않으면 아쉬울 것 같은 정이 듬뿍 담겨 있다.

탁 트인 자연 속에서, 흐르는 땀방울을 웃음으로 걷어 내며 뜨거운 가마 속에서 자기를 만드는 도예가의 모습을 그려본다. 옆에는 든든한 평생의 반려자가 나무로 뚝딱뚝딱 가구를 만들고 있으리라. 그 모습을 상상하는 내 입가에 흐뭇한 미소가 지어지는 건 왜일까.

카렐,
작은 행복의 법칙

보고만 있어도 감탄사가 절로 나올 만큼 귀엽고 깜찍하고 앙증맞고 아기자기한 일본 브랜드 카렐Karel Capek. 카렐은 예쁜 다구와 주방용품, 소품 등으로 잘 알려져 있다. 특히 홍차 틴과 티백의 깜찍함은 그 누구도 따라올 수가 없다. 매년 색다른 일러스트로 틴을 꾸미며 구매욕을 자극하는 카렐의 상술에 고개를 절레절레 흔들면서도 어느새 손을 뻗치게 된다.

카렐 차페크라는 홍차 전문점을 만든 사람은 야마다 우타코라는 그림동화 작가다. 카렐 차페크라는 이름은 현대 체코 문학의 아버지라 불리는 체코 작가의 이름에서 따왔다. 카렐 특유의 귀여운 일러스트는 보는 이로 하여금 동심으로 돌아가게끔 만든다. 차를 마시는 토끼와 벌, 앙증맞은 모자를 쓴 무당벌

레, 티타임을 즐기는 고양이 가족……. 티백을 하나하나 보고 있으면 오랫동안 잊고 살았던 어릴 적 상상의 나라로 떠나게 된다.

매년 달라지는 카렐의 예쁜 틴과 한정, 계절 라인 등을 보면 사고 싶은 충동이 일어나지만 일일이 다 모으다가는 방 하나가 카렐로 가득할 것 같아 꾹 참는다. 대신 틴에 그려진 알록달록한 그림들을 작고 앙증맞게 모아 놓은 티백을 바라보며 아쉬운 마음을 달랜다.

카렐은 말 그대로 소장하기 좋은 홍차. 같은 티라도 일러스트가 다르면 수집하게 되고 너무 예쁜 티백을 찢어서 차를 마시기보다는 있는 그대로를 보고 즐기면서 행복해한다. 자신을 위한 생일 선물로 카렐에서 새로 나온 틴을 두 개 구매하는 친구도 있다. 작은 소비로 큰 행복을 누릴 수 있다면 그걸로 만족하는 것이다. 카렐의 야마다 우타코는 아마도 그런 작은 행복의 법칙을 잘 알고 있는 듯하다. 그래서 오늘도 변함없이 카렐의 일러스트는 동화 속 이야기를 귓가에 속삭여 준다.

카렐 차페크(Karel Capek) www.karel-capek.com

아기자기한 일러스트가 금세라도 동화 속 나라로 이끌 것만 같다.

티포르테,
찻잔에 핀 새싹 하나

찻잔 위로 봉긋, 나뭇잎이 하나 피어 있다. 손을 뻗어 만지면 자연의 싱그러움이 그대로 느껴진다. 손으로 똑 따면 떨어질 것 같은 나뭇잎 하나, 바로 티포르테의 티백이다. 기다란 피라미드형 티백 끝에 앙증맞은 나뭇잎이 하나 달려 있다. 아름다운 자태를 자랑하는 티포르테의 티백은 일일이 수제 작업으로 만든다고 한다. 보는 즐거움을 선사해 줄 뿐만 아니라 실크 소재의 티백 안으로 물이 잘 스며들고 내부 공간이 넓어 찻잎이 충분이 우러날 수 있다는 장점이 있다.

홍차뿐만 아니라 현미녹차, 둥굴레차에서도 흔히 볼 수 있는 일반 티백이나 그보다 고급형으로 요즘 들어 자주 눈에 띄는 피라미드형 실크 티백, 우리나라에는 보급되어 있지 않지만 거즈 형태의 티백에 찻잎을 넣어 만든 모슬린 티백 등 티백의 종류는 다양하다. 하지만 티포르테의 티백은 차원이 다르다. 실용성뿐만 아니라 심미적인 기능까지 고려했다. 꽁다리에 달린 싱그러운 나뭇잎처럼 신선하고 상쾌하다. 자연이 듬뿍 담긴 차를 마시는 기분이랄까.

개인적으로 무척 좋아하는 민트와 초콜릿이 만난 벨기에 민트는 식후 디저트로 딱이다. 개운하고 달콤한 뒷맛과 함께 식후의 여유로움을 만끽하게 된다. 이름부터 깜찍한 코코 트러플은 펜넬과 감초, 생강의 독특한 향과 초콜릿이 어우러진 매력 만점의 차다. 상큼하고 톡톡 튀는 라즈베리 넥타는 아이스용으로 더없이 좋다.

푸른 잎사귀가 홍차를 더욱 싱그럽게 만든다.

티포르테는 아무 때나 마시지 않는다. 귀한 손님을 대접하거나 나를 위한, 혹은 우리 부부를 위한 특별한 날에 꺼낸다. 티포트 위로 봉긋 솟아오른 나뭇잎이 햇살에 반짝인다. 자연에 목말라 있는 현대인에게 이보다 좋은 휴식처가 있을까. 티포르테와 함께한 티타임은 연둣빛 잎사귀처럼 싱그럽고 촉촉하다.

카페인에 대한 오해와 진실

차는 커피처럼 카페인이 들어 있다고 하는데, 그렇게 매일 차를 마셔도 몸에 나쁘지 않느냐는 질문을 많이 받는다. 카페인은 피로회복을 돕는 각성작용, 이뇨 작용, 심장의 운동을 활발하게 해 주는 강심 작용 등 좋은 효능이 많이 있지만 과잉 섭취할 경우 불면증이나 중독 등 다양한 부작용을 일으키기도 한다. 실제로 차에는 카페인이 들어 있다. 하지만 커피와 차에 들어 있는 카페인은 흔히 알려진 바와 달리 함량이 다르며 체내 흡수 정도에도 차이가 있다.

차에는 커피와 달리 테아닌이라는 성분이 들어 있다. 테아닌은 다른 식물에서는 발견되지 않지만 차, 특히 녹차에서 많이 발견되는 아미노산으로 다양한 작용 중에서도 카페인의 활성을 억제시키는 역할을 한다. 또한 찻잎에 들어 있는 폴리페놀이 카페인의 흡수를 방해하기 때문에 실제로 체내에 흡수되는 양은 상대적으로 적은 편이라고 한다. 또한 한 잔당 커피와 차의 카페인 양을 비교했을 때에도 커피의 카페인 양이 월등히 높다. 이는 커피를 갈아 내리는 것과 찻잎을 우려냈을 때 녹아 나오는 카페인의 양에 차이가 있기 때문이다.

이런 건 실제로 몸으로도 느끼곤 하는데 차는 하루에 서너 잔씩 마셔도 딱히 가슴이 두근거리는 현상을 느낀 적이 전혀 없지만 커피는 한 잔만 마셔도 간혹 그럴 때가 있다. 한 친구는 한동안 차만 마시다가 오랜만에 커피를 마셨더니 어찌나 가슴이 두근거리던지 놀랐다는 말을 한 적이 있다. 어찌 됐든 이런 이유로 건강한 사람이라면 차는 하루에 수십 잔을 마셔도 카페인의 영향을 크게 받지 않는다고 한다. 하지만 뭐든 과용하면 좋지 않다는 사실은 잊지 말아야 한다.

티 용품에 대한 모든 것

티포트 Tea Pot
차를 우려내는 주전자. 주로 보온성이 뛰어난 본차이나 도자기를 사용한다. 안에 거름망이 있으면 편리하지만 거름망이 없어야 찻잎이 티포트 안에서 충분히 점핑해 맛과 향이 잘 우러난다.

티포원 Tea for One
1인용 티포트와 찻잔이 함께 합쳐진 제품. 2인용은 티포투라고 하며 찻잔이 두 개 겹쳐져 있다.

찻잔과 찻잔 받침 Tea Cup & Saucer
차를 마시기 위한 잔. 홍차용 찻잔은 입술이 얇고 향을 충분히 즐길 수 있도록 살짝 벌어져 있으며 높이가 낮다.

티볼 Tea Bowl
찻잔처럼 차를 담아 마시는 용도다.

티 스트레이너 Tea Strainer
찻잎을 걸러 내기 위한 거름망이다.

티캐디 Tea Caddy
찻잎이 담긴 틴을 말한다.

티캐디스푼 혹은 티메저스푼
찻잎을 뜨기 위한 도구로 보통 3g을 담게 되어 있다.

모래시계 Sandglass / 타이머 Timer
차를 우리는 시간을 재기 위한 도구다.

티백 트레이 Teabag Tray
티백을 우린 후에 건져 내어 둘 수 있는 트레이이다.

티코지 Tea Cozy
티포트를 씌워 차가 식지 않도록 해 주는 보온 도구로, 티코지만 있으면 30분 이상도 끄떡없이 따뜻하다.

슈가 볼 Sugar Bowl
설탕을 담아 내는 그릇이다.

티매트 Tea Mat
티포트를 차가운 테이블 대신 티매트 위에 올려 온도를 유지해 준다.

티코스터 Tea Coaster
찻잔 받침, 특히 머그컵에 티백을 우려 마실 때 사용하며 찻잔의 보온을 위한 것이다.

슈가 텅 Sugar Tongs
예쁘게 설탕을 집을 수 있는 집게다.

밀크저그 Milk Jug
우유를 담아내는 도구다.

케이크 스탠드 / 2단, 3단 트레이
티푸드를 내놓기 위한 그릇이다.

다양한 종류의 티백

1. 일반 티백

마트나 백화점 등에서 흔히 볼 수 있는 개별 포장된 티백. 보통 1~2g의 찻잎이 들어 있다.

2. 벌크 티백

개별 포장을 생략하고 티백 내용물만 있는 티백. 원형, 직사각형, 피라미드형 등 종류가 다양하다. 포장을 줄인 대신 저렴한 가격에 많은 양을 구입할 수 있다는 장점이 있다. 보통 일반 티백보다 더 많은 양이 들어 있다.

3. 실크 티백(사셰)

흔히 사체 혹은 사셰라고 한다. 사셰란 프랑스어로 티백이란 뜻인데 우리나라에서는 실크 티백을 통틀어 샤셰라고 쓰고 있다. 실크 티백은 직사각형, 피라미드형 등 종류가 다양하다. 보통은 일반 티백처럼 잘게 부숴진 찻잎 대신 통잎이 들어 있기 때문에 고급형 티백이다.

4. 레볼루션 티백

미국 브랜드인 레볼루션티의 티백은 실크 티백이 작은 상자에 개별 포장되어 있다.

5. 모슬린 티백

거즈로 된 티백으로 역시 일반 티백처럼 잘게 부숴진 찻잎 대신 통잎이 그대로 들어 있다. 마리아쥬 프레르나 립톤의 모슬린 티백은 동글동글한 모양이고 쿠스미의 모슬린 티백은 직사각형에 오버로크 처리가 되어 있다.

6. 티포르테

티포르테라는 미국 브랜드에서 나오는 티백으로 길쭉한 피라미드형으로 찻잎이 티백 안에서 충분히 움직여 우러날 수 있도록 고안된 티백이다.

7. 로네펠트 리프 컵

독일 브랜드인 로네펠트에서 나오는 티백으로 머그컵에 걸어 사용하기 편리한 티백이다. 역시 통잎이 들어 있다. 비슷한 모양의 길쭉한 티백을 같은 독일 브랜드인 티게슈벤드너에서도 볼 수 있다.

5
다섯 번째 홍차,

행복한 여행을 떠나다

코끼리 공장, 사루비아 다방, 마녀별 쎄라, 오리페코, 압생트······.

홍차가 있어 더욱 특별한 공간 속으로 여행을 떠나 보자.

쌉싸름한 향기에 취해 떠나는 그 길은 언제나 즐거움이 넘친다.

01

대학로

코끼리 공장,
카모메 식당이 떠오르는 그곳

복잡한 대학로의 큰길을 지나 한적한 뒷골목으로 접어들면 파란색과 코끼리 표시가 인상적인 카페가 보인다. 유리로 된 창문과 문 사이로 보이는 파란색 벽, 짙은 나무색 입구가 무척 잘 어울린다. 입구 옆의 초록색 칠판에는 몇 가지 메뉴가 자연스럽게 적혀 있다. 영화 〈카모메 식당〉의 단아한 여주인이 웃으며 인사할 것만 같다. 왠지 핀란드의 카모메 식당이 떠오르는 이곳이 바로 '코끼리 공장'이다.

삐걱, 문을 열고 들어가면 맑고 투명한 눈동자를 가진 코끼리 공장의 주인이 반겨 준다. 카모메 식당의 주인처럼 다정다감한 느낌보다는 통통 튀는 매력을 지니고 있다. 깔끔한 나무 테이블이 늘어져 있고 회색 벽돌과 파란색 벽으로 칠해진 이곳은 신비로움으로 가득 차 있다. 한쪽 벽에 반짝이는 불빛을 달고 크게 걸려 있는 코끼리 표시와 색색의 전구들, 역시나 무심한 듯한 메뉴판마저도 마음에 쏙 든다. 어떤 의도로 만들어진 곳인지는 모르겠지만 이곳에 들어선 순간 이미 핀란드의 작은 카페로 여행을 떠난 기분이다.

홍차 종류가 다양하지는 않지만 티포트와 찻잔 하나 하나에 정성이 깃들어 있다. 찻잎을 이용해 직접 끓여낸 밀크티는 집에서 우려낸 것처럼 진하며 시럽도 곁들여져 나온다. 작고 예쁜 유리병에 담긴 시럽에는 개인의 취향을 배려하는 마음이 담겨져 있다. 모던한 티포트에는 딸기 홍차, 망고 홍차, 혹은 얼 그레이나 잉글리시 브렉퍼스트의 찻잎이 얌전히 들어 있다. 차를 한 잔 따라 내면 찻잎을 따로 걸러 내지 않아도 찻잎에 물이 닿지 않아 처음부터 끝까지 동일한

black tea
rooibos, earl grey
breakfast
strawberry, mango tea
orange, lemonade

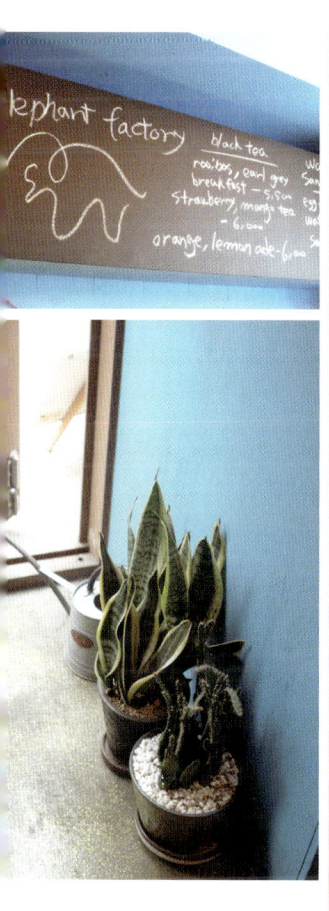

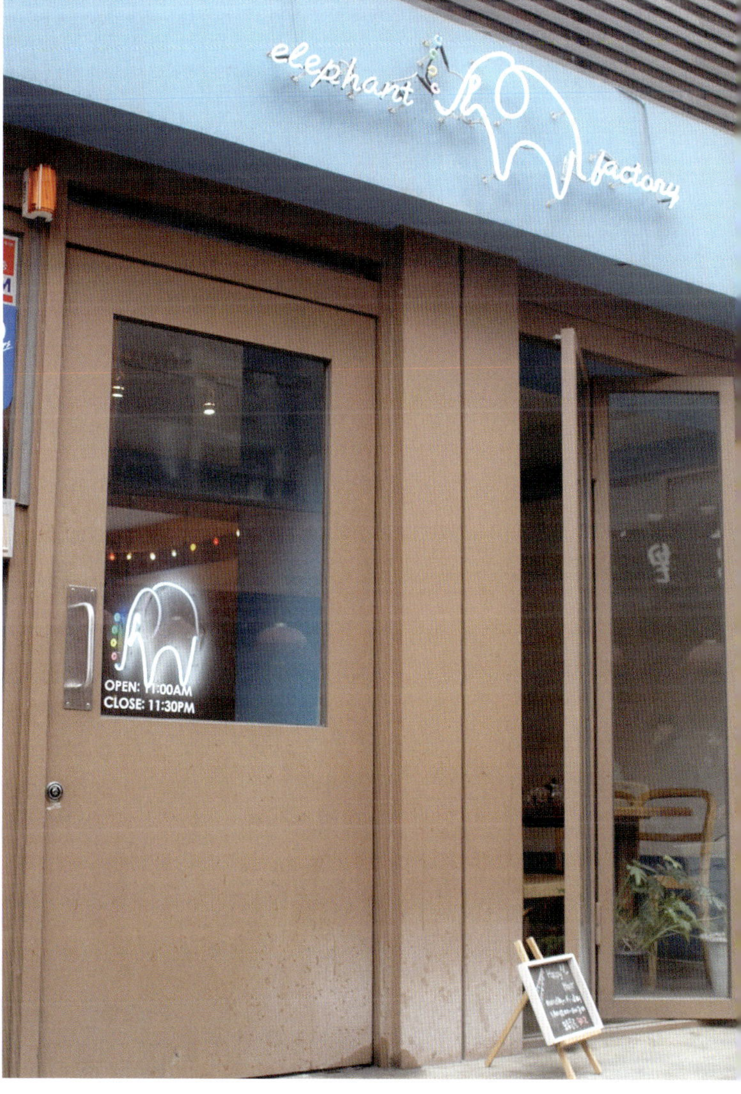
elephant
factory
OPEN: 11:00AM
CLOSE: 11:30PM

카모메 식당이 서울 한가운데로 이동한 것 같은 착각이 드는 특별한 공간이다.

맛의 차를 즐길 수 있다. 종류는 다양하지만 찻잎을 충분히 쓰지 않아 밍밍한 밀크티를 내놓거나 찻잎 대신 티백을 이용해 차를 내놓고, 혹은 티포트에 찻잎을 넣고 물을 가득 부어서 마시는 내내 찻잎이 우러나 마지막 잔은 탕약을 마시는 기분이 들게 만드는 등 겉모습만 화려하게 차를 구비해 놓은 곳보다 종류는 적지만 마음이 담긴 카페가 좋다.

까르르, 주인과 친구가 주방 옆에 앉아 종알종알 수다 떠는 소리마저 자연스럽고 유쾌하다. 평일 대낮이라 손님은 우리뿐이었지만, 나도 모르게 목소리를 낮추지 않아도 괜찮다. 모든 게 자연스럽고 편안하다. 아무도 모르는 나만의 공간에 친구와 나 단 둘이 앉아 있는 기분이 든다.

햇살이 따사롭게 내리쬐는 한적한 오후, 낯선 핀란드의 골목에 위치한 작고 아담한 카페에 앉아 막 끓여낸 따끈한 밀크티를 한 잔 마시고 싶다면 대학로의 코끼리 공장을 추천한다. 편안하고 만족스러운 시간과 공간을 맛볼 수 있을 것이다.

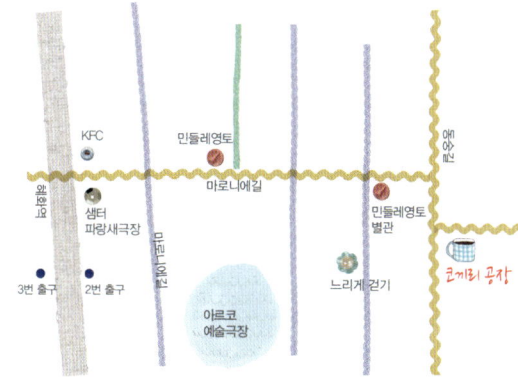

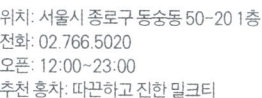

코끼리 공장

위치: 서울시 종로구 동숭동 50-20 1층
전화: 02.766.5020
오픈: 12:00~23:00
추천 홍차: 따끈하고 진한 밀크티

02

헤이리

파머스 테이블,
해로즈를 맛볼 수 있는 곳

가끔 파주 예술인 마을인 헤이리에 딸아이를 데리고 바람을 쐬러 나가곤 한다. 아이들이 좋아하는 딸기와 토마스, 각종 캐릭터를 만나볼 수 있기도 하고 토이 뮤지엄과 같은 장난감 박물관 및 체험관이 있어서 그야말로 아이들의 천국이다. 뿐만 아니라 산책로도 잘 닦여 있어 갖가지 카페들을 구경하며 길을 거니는 재미도 쏠쏠하다. 딸아이는 장난감 구경 못지않게 길을 따라 걷고 계단을 오르내리는 것을 무척 좋아한다.

이곳에 파머스 테이블Farmer's Table이라는 레스토랑이 있다. 드라마 〈꽃보다 남자〉 촬영지로도 유명한 이곳에는 티 하우스가 함께 있다. 산책로를 한참 거닐다 찬 공기에 몸이 움츠러들면 따뜻한 차 한 잔을 하러 오기 딱 좋은 곳이다. 서울 밖에 있는 헤이리에 와서 제대로 된 홍차를 맛볼 수 있다는 게 참 행복하다.

홍대나 신촌의 아기자기한 카페와 달리 클래식하고 자못 엄숙한 느낌마저 드는 이곳에서는 영국 정통 홍차인 해로즈Harrods와 스리랑카에서 가장 알아 주는 브랜드인 딜마를 맛볼 수 있다. 그 유명한 해로즈 49번을 포함해 다즐링, 아쌈 등의 클래식 티와 딸기, 망고, 사과, 살구, 라즈베리 등 다양한 가향 홍차도 있다. 테이블도 깔끔하고 세련되게 세팅되어 있고 가운데 티워머가 준비되어 있다. 유리 티포트와 유리잔, 특별히 예쁘고 아름다운 문양의 찻잔은 아니지만 투명한 유리잔에 수색을

고풍스러우면서도 깔끔한 분위기의 파머스 테이블

감상할 수 있어서 참 좋다. 정갈하게 세팅된 테이블 옆쪽으로는 다양한 책들이 꽂혀 있는 서재가 있어 마음껏 책을 꺼내 볼 수 있고, 앤티크한 찻잔과 노래시세 등을 구경해도 된다.

파머스 테이블의 티 하우스는 영국 중상류층 귀부인의 아담한 방을 그대로 옮겨 놓은 듯한 분위기다. 결코 화려하다고 할 수는 없지만 단정하고 세련되어 고전적인 멋이 살아 있다. 해로즈의 홍차를 맛볼 수 있고 무엇보다도 다양한 홍차가 준비되어 있다는 점이 이곳의 매력이다.

헤이리를 거닐다가 문득 앉아서 쉴 곳이 필요하면 파머스 테이블의 티 하우스를 찾아보라. 제대로 우려진 홍차 한 잔이 언 몸을 따뜻하게 녹여 줄 것이다. 홍차가 싫다면 허브차나 커피도 있으니 걱정하지 말라. 그래도 티 하우스에 갔으니 따끈한 홍차 한 잔을 권하고 싶다. 그 옛날 영국에서 나른한 오후의 졸음을 쫓기 위해, 혹은 사람들과의 사교를 위해 티타임을 즐겼듯이 단아한 귀부인이 된 듯한 착각을 누리며 이곳에서의 시간과 분위기를 마음껏 즐겨 보라.

파머스 테이블

위치: 경기도 파주시 탄현면 법흥리 1652-
      143(헤이리 아티누스)
전화: 031.948.6225
오픈: 11:00~22:00
추천 홍차: 해로즈의 14번, 49번

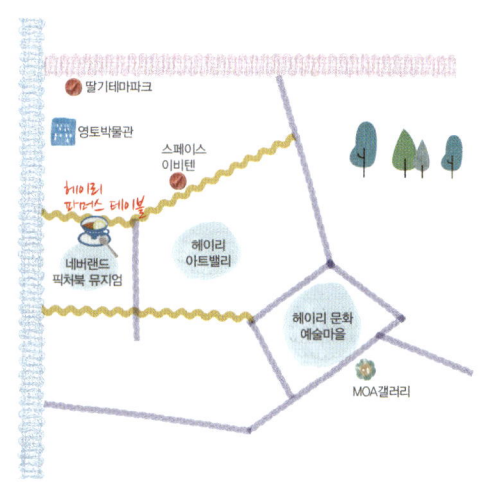

03

판교

로네펠트 티하우스 부티크, 우아한 티타임의 진수

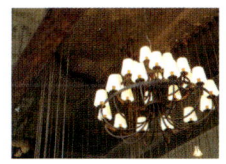

가끔은 북적거리는 도심을 떠나 다소 한적한 교외에 자리를 잡은 이 국적인 곳으로 떠나고 싶을 때가 있다. 파인 다이닝도 좋고, 달콤한 스윗츠와 우아한 차 한 잔만으로도 좋지만 그 모두를 누릴 수 있는 곳이라면 더없이 좋을 것이다. 그럴 때 어김없이 찾아가는 곳이 바로 이곳, 로네펠트 티하우스 부티크이다.

티하우스 부티크라는 이름답게 외관부터 웅장하고 클래식한 이곳의 1층에는 로네펠트 티숍이 들어설 예정이고, 2층에서는 차와 식사를 즐길 수 있다. 안으로 들어가면 높은 천정과 유럽의 고성을 떠올리게 하는 인테리어가 탄성을 자아내게 만든다. 계단마다 놓여 있는, 멋드러지게 녹아내린 촛불이 분위기를 한층 살려 준다. 묵직한 테이블 위에는 깔끔한 흰 패브릭의 테이블 클로스가 깔려 있고 플레이트부터 커트러리까지, 심플 그 자체다.

무엇보다 즐거운 것은 전문가가 우려 주는 다양한 로네펠트의 차를 만나볼 수 있다는 점이다. 맛있게 우려진 차를 워머와 함께 서빙해 주는데, 간단히 곁들일 쿠키 세 종류가 함께 나온다. 물론 그 유명한 거꾸로 가는 모래시계도 함께이다. 홍차뿐 아니라 시중에서 쉽게 만나볼 수 없는 우롱차, 녹차, 허브차 등도 있는데 로네펠트에서도 특히나 인기 있는 밀키 우롱도 이곳 티하우스에서 만나볼 수 있다.

모든 요리와 디저트에도 찻잎이 들어 있어 눈과 입, 코가 모두 향긋한 시간을 만끽할 수 있다.

그뿐만이 아니다. 디저트나 식사에도 전부 찻잎을 활용하여 요리를 하는데, 차와 음식의 조화를 꿈꾸는 진정한 고메를 경험해 볼 수 있다. 갈 때마다 셰프의 새로운 도전을 맛보고 경험하며 즐거워할 수 있다는 점에서 어찌 보면 나에게 있어 로네펠트 티하우스 부티크는 또 다른 의미의 일상 탈출구가 아닌가 싶다.

한적한 평일 오후, 외부와 완벽하게 차단되어 시간이 멈춘 듯한 로네펠트 티하우스에서 애피타이저와 메인 요리를 즐긴 후, 달콤하고 상큼한 디저트와 따뜻한 차 한 잔을 곁들이는 즐거움이야말로 매일을 살아가는 나에게 작지만 큰 사치가 아닐까. 정말 맛있는 홍차, 열정과 도전이 담뿍 담긴 디저트를 곁들여 나에게 대접해 보는 것은 어떨까?

로네펠트 티하우스 부티크

위치: 경기도 성남시 분당구 운중동 361
전화: 031.709.9248
오픈: 월-토 12:00~23:00, 일 10:30~21:30
홈페이지: www.teehaus-ronnefeldt.co.kr
추천 홍차: 달콤한 아이리시 위스키 크림 한 잔
은 누구나 고개를 끄덕이는 매력 만점의 홍차.
홍차뿐 아니라 부드러운 연유맛이 가득한 밀키
우롱도 꼭 한 번 마셔보길 권한다.

04

삼청동

팔레트,
마카롱과 카늘레를 맛볼 수 있는 곳

 삼청동 길을 따라 주욱 올라가다 보면 잔디가 깔린 작은 테라스와 유럽풍의 붉은 벽돌로 지어진 작은 카페 하나가 눈에 들어온다. 이어서 색색의 앙증맞은 마카롱이 시선을 사로잡는다. 팔레트 Palette는 프랑스의 유명한 디저트인 마카롱과 카늘레 cannelé가 종류별로 다양하게 구비되어 있는 디저트 카페다. 1층의 탁 트인 작은 테라스, 아담하고 아늑한 2층 공간, 여기에 하늘과 좀 더 가까이 앉을 수 있는 옥상의 야외 테라스까지 갖추고 있다.

팔레트의 가장 큰 매력은 캐러멜, 얼 그레이, 피스타치오, 코코넛, 초콜릿 등의 기본적인 맛부터 라즈베리, 그린티, 시나몬, 카시스, 고추냉이 등 독특한 맛의 마카롱을 만나볼 수 있다는 점이다. 팔레트 위에 동글동글 짜여진 물감처럼, 다양하기 그지 없는 마카롱이 줄지어 있는 모습을 보면 '와' 하고 감탄사를 내뱉게 된다. 그와 함께 이곳에서 직접 구운 카늘레도 함께 맛볼 수 있다. 독특한 모양에 바삭하면서도 부드러운 식감은 그 어디서도 맛보지 못한 새로움이다.

화려함보다는 편안하고 아늑함이 더욱 매력적인 곳이다.

이렇게 다양한 마카롱이나 흔히 만나볼 수 없는 카늘레에 다만 프레르Damman Freres의 홍차를 곁들여 보라. 팔레트에서 직접 로스팅한 커피도 좋지만 마카롱에는 왠지 홍차를 곁들여 줘야 만 할 것 같은 기분이 든다. 쫀득하고 달콤한 마카롱과 향긋할 얼 그레이Earl Grey, 혹은 진하 고 깊은 맛과 향이 매력인 아쌈Assam도 좋다. 입안에서 사르르 녹는 달콤함과 홍차의 향긋함 이 찰떡궁합이다.

유럽의 어느 카페에 와 있는 듯한 편안함이 느껴지는 것은 삼청동이라는 지리적 위치 때문이 기도 하지만 아늑하면서도 세련된 인테리어와 곳곳에 작은 소품들로 세심하게 신경 쓴 흔적 이 묻어나기 때문이다. 이런 곳에서 달콤한 마카롱과 따끈한 홍차 한 잔을 곁들인다면 금상 첨화일 것이다. 마카롱이 생각나는 날이면 이곳 팔레트가 머릿속에서 뭉게뭉게 떠오른다. 이 곳에서는 커피 대신 홍차에 꼭 한 번 도전해 보길 바란다.

팔레트

위치: 서울 종로구 삼청동 39번지 팔레트서울
전화: 02.720.4697
오픈: 11:00~23:00
홈페이지: www.palettemacaron.com
추천 홍차: 달콤한 마카롱에 향긋한 홍차를 곁들
　　　　　 이면 남부럽지 않은 티타임을 즐길 수
　　　　　 있다.

05

이태원

이샘 컵케이크,
예쁜 컵케이크와 즐기는 차 한 잔

 이태원의 후미진 곳에 예쁜 카페가 하나 있다. 이태원에서 점심을 배불리 먹고 편안하게 앉아 차 한 잔 할 수 있는 곳을 찾다가 이름부터 마음에 드는 아담한 카페를 찾았다. 'Life is just a cup of cake.' 지금은 이샘 컵케이크로 상호명을 바꿨다. 누가 지은 이름인지 정말 기발하다. 이태원과 서래마을에 위치한다. 이곳은 멀리서 봐도 눈에 띌 정도로 화사하고 아기자기한 인테리어가 인상적이다.

예쁜 팻말이 달려 있는 문을 열면 마치 동화 속의 주인공이 된 듯한 기분이 든다. 아기자기하고 앙증맞은 컵케이크뿐만 아니라 밝고 화사한 인테리어는 헨젤과 그레텔이 찾아낸 숲속의 과자로 만든 집이 생각난다. 그곳의 과자도 이처럼 달콤했으리라. 입안에서 살살 녹을 것 같은 각종 컵케이크에 눈이 돌아갈 지경이다. 홈메이드 스타일로 만들었다는 유기농 컵케이크는 선택의 폭이 넓어 어떤 것을 골라야 할지 고민해야 할 정도다. 올 어바웃 초콜릿, 베리베리, 블루베리 등 다양한 맛과 색의 컵케이크가 즐비하지만 개인적으로는 얼 그레이와 바나나 크림치즈, 에스프레소 컵케이크를 추천한다.

달콤한 컵케이크는 커피와 찰떡궁합이지만 의외로 진한 홍차나 달콤하고 쌉싸름한 밀크티와도 잘 어울린다. 이곳에서는 독일 브랜드인 로네펠트Ronnefeldt의 차를 맛볼 수 있다. 알록달록한 티백이 컵케이크와 잘 어울린다. 로네펠트의 우드체스트에 진열된 티백을 구경하는 재미도 쏠쏠하다. 큼지막한 머그컵에 아쌈을 진하게 우리고 스팀밀크를 부어 만든 촉촉한 밀크티도 이곳의 특별 음료다. 보드라운 스팀밀크가 입술에 묻을 때의 감촉이 좋다.

이곳은 이태원뿐만 아니라 서래마을에서도 만나 볼 수 있다. 같은 장소이긴 하지만 왠지 어울리지 않는 한적한 동네에 자리 잡고 있는 이태원의 '이샘 컵케이크Life is just a cup of cake'가 개인적으로 더 편안하게 느껴진다. 서래마을에는 딱 있을 법한 장소에 자리를 잡고 있다면 이태원은 비밀스러운 장소를 찾아가는 기분이 든다고나 할까. 일상에서는 찾아볼 수 없는 공간에서 하나씩 다 맛봐야 직성이 풀릴 것 같은 촉촉한 컵케이크에 커피 혹은 홍차를 곁들이며 느긋한 오후 시간을 보내는 재미, 그런 게 인생 아닐까 싶다.

이샘 컵케이크

위치: 서울시 용산구 한남동 738-16
전화: 010.4617.2908
오픈: 11:00~21:00, 일요일 휴무
홈페이지: www.cupcake.co.kr
추천 홍차: 향긋한 얼 그레이 컵케이크와 아쌈으
　　　　　로 만든 밀크티

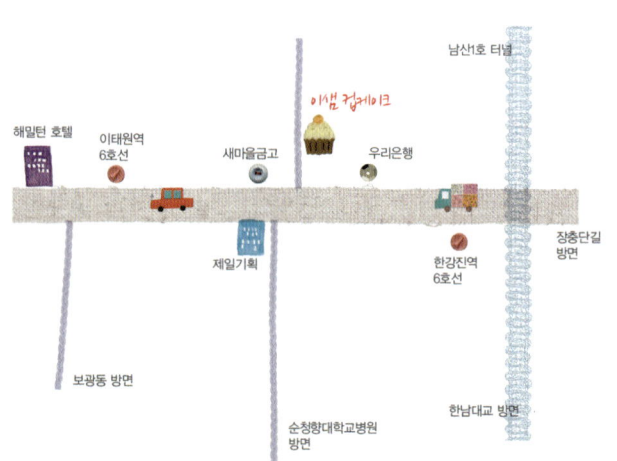

아담하고 달콤하며 신비로운 매력이 있는 이샘 컵케이크.
홍차가 있어 더욱 아련한 느낌이 든다.

06

삼성역

파크 하얏트 더 라운지,
나른한 오후의 럭셔리 티타임

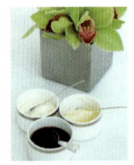

딸아이가 조금 더 크면 애프터눈 티Afternoon tea를 맛보러 전 세계로 여행을 떠나고 싶다. 애프터눈 티의 시초인 영국에서 즐기는 차와 티푸드는 기대 이상이라고 한다. 심지어 영국에서 홈스테이를 하던 친구의 말에 따르면 영국의 집에서 대충 끓여 마시는 밀크티도 여기서 마시는 밀크티와는 다르다고 한다.

홍차인들에게는 동경의 대상인 애프터눈 티는 이제 우리나라 곳곳에서도 쉽게 맛볼 수 있게 되었다. 웬만한 호텔은 물론이고 홍차 전문 카페에서도 적잖이 찾아볼 수 있다. 하지만 제대로 된 애프터눈 티를 맛보고 싶다면 꼭 이곳을 찾아보라.

복잡한 도심 속에서 한적한 여유로움을 누릴 수 있는 이곳 파크 하얏트의 더 라운지The Lounge는 최상층인 24층에 위치하고 있다. 특히 해질녘에 더 라운지는 이곳을 아는 사람들로 붐빈다. 통창을 통해 아름다운 서울의 야경을 감상할 수 있는 것도 파크 하얏트만의 특권이다.

더 라운지에서는 여느 카페와 마찬가지로 간단한 차와 음료, 와인, 칵테일 등을 즐길 수 있지만 매일 2시 반부터 5시 반까지 애프터눈 티 세트를 제공한다. 3단 트레이와 은으로 된 식기는 보기만 해도 즐겁다. 애프터눈 티는 보통 가장 아래칸의 티푸드부터 먹으면 되는데 주로 샌드위치가 담겨 나온다. 애프터눈 티용 샌드위치는 핑거푸드로 만들기 때문에 푸짐하기보다는 한 입에 먹기 쉽도록 주로 빵 사이에 상큼한 오이를 끼워 만든다. 다소 심심할 수도 있는

애프터눈 티 세트에 나오는 3단 트레이에는 맛깔스러운 먹을거리가 가득하다.
홍차와 함께 먹으면 든든한 한 끼 식사로도 손색이 없다.

조합이지만 파크 하얏트의 오이 샌드위치는 놀랄 만큼 맛있다. 상큼한 오이와 보들보들한 빵 그리고 세프기 특별히 만든 스프레드는 환상의 궁합을 자랑한다. 두 번째 칸에는 보통 스콘이 나오는데, 갓 구운 따뜻한 스콘일 경우 뜨거운 김 때문에 가장 윗칸에 올려놓는다. 갓 구워낸 스콘 역시 훌륭한데, 적당한 크기와 보기 좋게 갈라진 스콘은 쉽게 따라할 수 없는 맛이다. 한 입 베어 물 때마다 감탄을 금치 못했다. 달콤한 케이크와 상큼한 맛이 일품인 딸기 타르트도 입안에서 살살 녹으며 앙증맞은 마카롱도 쫀득한 식감을 자랑한다.

더 라운지에서는 프랑스 브랜드인 니나스의 홍차를 판매한다. 따스하게 내리쬐는 햇살 속에서 향긋하고 고급스러운 니나스의 홍차에 푸짐한 티푸드를 곁들이면 영국 귀족 부인이 부럽지 않다. 연인이나 친구 혹은 가족과 느긋하고 배부른 오후를 즐기기에 이보다 만족스러운 곳은 없을 것이다. 애프터눈 티와 홍차 문화를 경험해 보고 싶은 사람에게 추천한다.

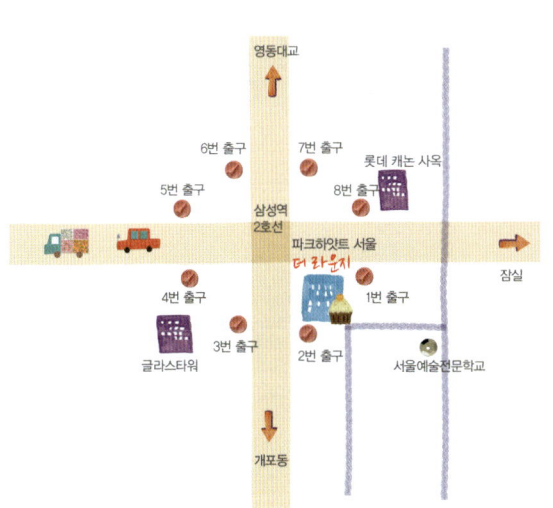

더 라운지

위치: 서울시 강남구 대치 3동 995-14
전화: 02.2016.1258
오픈: 08:00~24:00
홈페이지: parkhyattseoul.com
추천 홍차: 애프터눈 티 세트는 필수. 니나스의
          브렉퍼스트를 곁들여 보자.

07

홍대

오리페코,
홍대 뒷골목의 동화 나라

홍대 골목길을 비집고 들어가면 홍찻잔에 담긴 앙증맞은 오리가 반긴다. 오리 페코Ori Pekoe, 꽥꽥 오리와 찻잎의 등급을 뜻하는 페코를 합쳐 놓은 귀여운 이름이다. 햇살이 눈부신 날, 오리페코의 입구로 들어가면서 이름만큼이나 아기자기한 곳이라는 생각을 했다. 우리 집 앞마당이면 좋을 것 같은 테라스에는 흰색 테이블과 의자가 빼곡하게 들어차 있다. 빈 홍차 틴에는 빨강, 노랑의 예쁜 꽃들이 피어 있고 창가에 놓인 관람차 미니어처에 왠지 모르게 가슴이 설렌다. 테라스에 앉고 싶은 마음이 간절했지만 머리 위로 뜨겁게 내리쬐는 직사광선 때문에 포기하고 안으로 들어갔다.

화사한 분위기의 내부 인테리어 역시 아기자기함과 앙증맞음의 극치다. 내추럴한 분위기가 물씬 풍기는 원목 테이블 사이로 보송보송한 인형과 귀여운 소품들이 자리 잡고 있다. 어느 곳 하나 눈을 뗄 수 없을 정도로 예쁜 소품들이 놓여 있는 틈으로 마리아쥬와 딜마 등 다양한 홍차 틴들이 보인다. 소녀 감성이 물씬 풍기는 노리다케Noritake의 다구와 재미있고 귀여운 일본풍의 티포트도 오리페코의 분위기와 잘 어울린다.

이곳의 메뉴판에는 다른 곳에서 쉽게 찾아볼 수 없는 각종 홍차와 홍차로 만든 다양한 음료가 가득하다. 집에서는 쉽게 맛볼 수 없는 베노아Benoist의 애플 아이스티와 베일리스 아이스 밀크티Baileys Ice Milk Tea를 한 잔씩 시켜 놓고 친구와 도란도란 이야기꽃을 피웠다. 시원하고 달콤하며 한편으로는 쌉싸름한 애플티는 순식간에 갈증을 날려 준다. 달작지근하고 크리미한 베일리스 아이스 밀크티는 기분전환에 최고다.

오리페코, 이름만큼 앙증맞고 귀여운 인테리어와 그만큼 상큼한 주인장의 해맑은 미소 덕분에 더욱 기분 좋아지는 곳. 동화 속에서나 나올 법한 귀엽고 깜찍한 분위기의 홍차를 즐기고 싶다면 오리페코로 가 보라.

오리페코

위치: 서울시 마포구 서교동 358-103
전화: 02.324.0908
오픈: 일~목 12:00~23:00
　　　금~토 12:00~24:00, 월요일 휴무
추천 홍차: 버라이어티한 홍차 메뉴가 포인트!
　　　특히 베일리스 밀크티를 꼭 한 번 마셔 보라.

금방이라도 동화 속 주인공이 튀어나올 것 같은 오리페코

08

홍대

샌드박,
영화 속 로드숍을 닮은 곳

영화를 보면 이런 장면이 자주 나온다. 오토바이를 타고 모래 바람 가득한 도로를 한참 달리던 주인공이 거리 한편에 자리 잡고 있는 로드숍에 들러 커피와 간단한 요깃거리를 산다. 주인은 친절하지도, 그렇다고 무뚝뚝하지도 않지만 무심한 듯 요리를 내놓는다. 그런 곳에서 나오는 커피와 샌드위치는 어쩜

그리도 맛있어 보이는지.

그런 로드숍이 떠오르는 샌드위치 가게가 있다. 홍대 후미진 곳에 위치하고 있어 눈에 쉽게 들어오지는 않는다. 낮에는 샌드위치와 커피, 차를 팔고 밤에는 생맥주와 와인까지 파는 이곳 카페 샌드박Cafe SandPark은 영화 속 로드숍을 꼭 닮아 있다.

모래 냄새가 묻어날 것 같은 정겨운 내부 인테리어도 이곳의 분위기에 한몫을 한다. 낡은 재봉틀 위에 무릎담요가 구비되어 있고 직접 담근 레몬차와 모과차가 곳곳에서 눈에 띈다. 샌드위치로 유명한 이곳의 인기 메뉴는 통새우 샌드위치다. 샌드위치 옆에는 직접 만든 상큼한 요거트가 곁들여져 나온다. 큼직한 새우가 들어 있는 먹음직스러운 통새우 샌드위치는 하나 먹고 나면 배가 빵빵해진다.

투박한 머그컵에 담겨 나오는 향긋한 커피도, 큼지막한 과일이 듬뿍 담긴 아이스티도 좋지만 이곳 샌드박에는 프랑스 브랜드인 마리아쥬 프레르의 차가 있다. 두툼하고 큼지막한 유리컵

에 담겨 나온 마리아쥬는 샌드박만의 향기가 느껴진다. 언제 와도 편안하고 정겨운 이곳 샌드박은 쉽게 자리를 뜰 수 없게 만든다. 커피 한 잔 마시러 들러서 한참을 눌러 앉아 있다가 결국에는 샌드위치도, 차도, 맥주와 와인까지 마시고 나서야 겨우 자리를 뜨게 되는 그런 곳이다.

샌드박

위치: 서울시 마포구 동교동 176-13
전화: 02.338.5460
오픈: 10:00~24:00
추천 홍차: 차나 커피, 아이스티 모두 좋지만, 이
곳에서 반드시 통새우 샌드위치를 맛
보라. 샌드위치와 마리아쥬 프레르
의 차가 완벽한 조화를 이룬다.

상큼한 과일이 듬뿍 담겨 나오는 아이스티, 향긋한 마리아쥬 프레르에 두툼한 통새우 샌드위치가 있다면
그 누구도 부럽지 않은 만찬을 즐길 수 있다.

09

홍대

트리니티,
중세의 시간이 머무는 공간

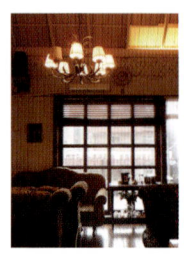

고풍스러운 느낌이 물씬 풍기는 홍대 트리니티. 이곳을 찾은 날 우연히 비가 내렸다. 내부 인테리어부터 시작해서 소파와 테이블, 장식장과 각종 소품들까지 중세시대로 거슬러 올라간 것 같은 분위기와 창밖으로 내리는 비가 참 잘 어울렸다. 살짝 어두컴컴한 실내는 그 옛날 유럽의 외딴 성에 와 있는 듯한 기분이 들게 만들었다.

이른 시간이라 다른 손님들이 없음에도 불구하고 왠지 소곤소곤 나지막한 목소리로 이야기를 나누게 된다. 1층은 길게 드리워진 커튼에서부터 세련되고 고급스러운 분위기를 풍긴다면 2층은 다락방처럼 비밀스럽고 아늑한 느낌이다.

이곳의 메뉴는 정말 다양하다. 세계 3대 홍차로 손꼽히는 다즐링, 우바, 기문을 포함해 각종 가향 홍차와 허브차, 밀크팬에 끓여 내는 로얄 밀크티에서 차이 라떼, 모로칸 민트 라떼 등 종류를 다 셀 수 없을 정도로 많은 차를 구비하고 있다. 차가 이렇게 많지만 한편으로 차를 좋아하지 않는 손님을 위해 드립 커피도 구비하고 있다.

단아하고 깨끗한 찻잔에 담겨 나오는 밀크티에는 보송보송한 우유 거품이 얹혀 있다. 밀크팬에 끓여서 더욱 진하고 깊은 맛이 우러나 비오는 날과 잘 어울린다. 적당히 우려

중세의 시간이 멈춘 듯한 트리니티에서는 잠시나마 일상의 때를 벗어 버릴 수 있다.

져 나오는 홍차 역시 추천할 만하다. 개인의 취향에 따라 다르지만 이곳에서 우려져 나오는 홍차는 심심하지노, 그렇나고 너무 신하시도 않아 내 입맛에 딱 좋다.

트리니티는 어딘가에 늘어지게 앉아 실컷 수다를 떨고 싶은 날 찾으면 좋은 곳이다. 이날처럼 비가 주룩주룩 내려 길거리를 쏘다니기 싫은 날, 마음 맞는 친구와 퍼져 앉아 마음껏 조잘대고 싶은 날이면 트리니티에 들러 보라. 홍차 한 잔으로 시작해 밀크티와 각종 라떼 그리고 케이크까지 하나씩 주문해서 먹고 마시다 보면 시간 가는 줄 모른다. 중세의 어딘가쯤에 시간이 멈춘 곳, 멈춰진 시간 속에서 마음껏 자유로울 수 있는 곳, 따끈한 홍차 한 잔과 마음속까지 훈훈해지는 밀크티가 있는 곳, 이곳이 바로 트리니티다.

트리니티

위치: 서울시 마포구 서교동 358-80
전화: 02.332.2782
오픈: 12:30~23:30
추천 홍차: 우유 거품이 보송보송한 로열 밀크
         티, 차이 라떼와 모로칸 민트 라떼

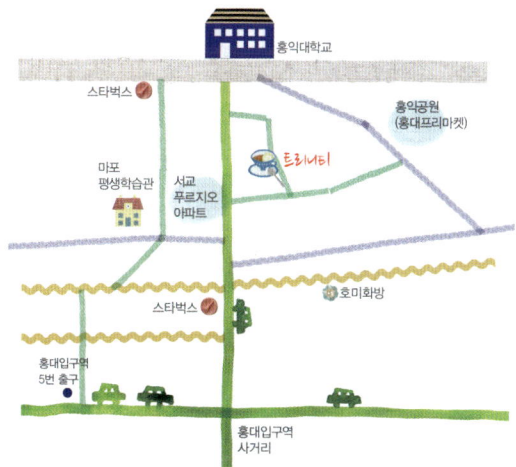

신촌

인야,
색다른 중국 홍차를 만나는 곳

신촌의 떠들썩한 먹거리 골목 한곳에 자리 잡은 인야Yinya는 중국차 전문이자 중국 광동식 디저트 카페이다. 문을 열고 들어가면 주변 분위기와 너무 다른 카페의 모습에 한 번 놀라고, 이곳에서 맛본 잊을 수 없는 차맛에 두 번 놀란다. 인야는 '중국차'라고 하면 당연한 듯 떠오르는 묵직하고 엄숙한 분위기가 아닌 그야말로 '카페'이다. 늘 꾸밈없는 환한 미소로 반겨주는 주인을 닮아 밝고 쾌활하며 아기자기한 분위기를 그대로 담고 있는 이곳 인야는 제대로 '차'를 즐길 수 있는 몇 안 되는 장소 중의 하나이다.

중국차라고 하면 다들 어렵게 생각하는데 우리가 아는 홍차도 결국 중국차에서 시작되었다. 인야는 화려한 브랜드 홍차보다 한 걸음 더 차의 본질에 접근해서 편안하면서도 놀라운 맛과 향을 즐길 수 있게 만든다. 철관음, 대홍포 등 어디선가 한 번쯤 들어본 법한 차부터 봉황단총, 육계, 수선과 같이 흔히 만나볼 수 없는 차까지 두루 갖추고 있다. 가을이면 생각나는, 군고구마 향을 닮은 운남 전홍과 난향과 과일향 덕분에 단미와 상쾌한 향이 도드라지는 기문, 훈연향이 그득하지만 그 안에 담긴 향이 일품인 세계 최초의 홍차 정산소종, 그리고 자사호로 유명한 의흥에서 만들어지는 스파이시 향이 독특한 의흥홍차 등 다양한 중국 홍차도 경험해 볼 수 있다.

커푸얼이나 인야 블렌딩 차처럼 좀 더 쉽게 접할 수 있는 중국차 베이스의 다양한 음료도 있어 중국차는 다소 힘을 주고 전통적인 방식에 따라 어렵게 마셔야 한다는 고정관념을 깨 준다.

제대로 된 '차'를 마시고 싶을 때는 꼭 이곳을 찾는다. 처음 온 사람들에게는 차를 우리는 방법
도 친절하게 가르쳐 주기 때문에 걱정할 필요가 없다. 중국에서 제대로 배워온 차 전문가가 능
숙하게 우려 주는 맛깔나는 중국차를 마시며 차에 취해, 분위기에 취해, 다우와 나누는 이야기
에 취해 시간 가는 줄을 모른다. 차를 즐기는 친구도, 차를 모르는 친구도 이곳을 한 번 데려가
면 고개를 끄덕이며 감탄사를 내뱉곤 한다. 차의 이름은 기억나지 않아도 그 맛과 향이 너무
인상 깊어 자꾸만 생각난다는 것이다.

내가 우려 마시는 차도 좋지만, 누군가 마음을 다해 정성스레 우려 주는 차가 그리운 날이면
이곳 인야를 찾는다. 그리고 그 선택은 단 한 번도 틀린 적이 없다.

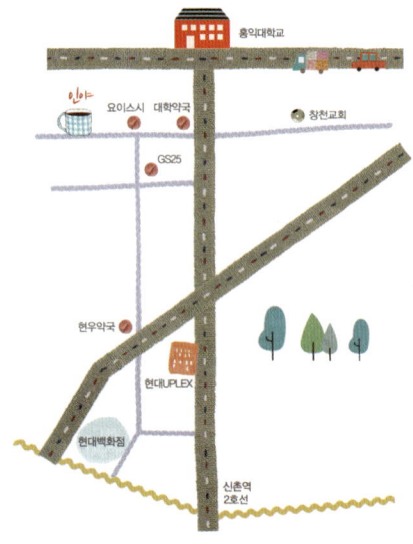

인야

위치: 서울시 서대문구 창천동 52-155 2층
전화: 02.3141.0915
오픈: 11:00~23:00
홈페이지: www.yinyatea.com
추천 홍차: 의흥 홍차와 봉황단총. 평소에 마시던 브랜드 홍차와는 확
연히 다른 의흥 홍차는 처음 만나면 조금은 생소할 수 있
다. 하지만 뒤돌아서면 자꾸만 생각나는 마력을 지녔다. 봉
황단총은 홍차보다 가볍고 향긋한 중국 청차(우롱차) 중의
하나로, 차의 또 다른 매력을 찾아볼 수 있다.

우리가 잘 알고 있는 홍차뿐만 아니라 중국의 색다른 홍차도 맛볼 수 있는 인야.
따뜻한 차와 맛있는 티푸드, 여기에 기분 좋은 사람들까지 더해진다면
누구나 꿈꾸는 유쾌한 티타임을 즐길 수 있을 것이다.

효자동

에 마미 살롱 드 떼,
프랑스를 만날 수 있는 공간

경복궁역에서 나와 복작복작한 길을 주욱 따라 올라가다 보면 뜬금없이 카페가 하나 나타난다. 안쪽으로 쑤욱 들어가 있어 눈에 잘 띄지도 않는다. 프랑스의 어느 한적한 골목에 위치한 카페를 찾아가듯, 그렇게 살롱 드 떼를 찾았다.

에 마미Et M'amie는 프랑스식 가정 요리로 유명한 카페 겸 레스토랑이다. 그런 에 마미가 살롱 드 떼Salon de The라는 이름으로 홍차 전문점을 운영하고 있다. 들어가는 입구에 있는 간판, 입구 오른쪽에 늘어서 있는 각종 소품, 테이블 등 살롱 드 떼의 모든 것이 프랑스에 온 듯한 착각을 일으킨다. 구석 구석에 놓여 있는 작은 소품부터 전체적인 분위기까지 하나라도 놓칠세라 연신 셔터를 누르며 카메라에 담았다. 심지어 주방에 있는 주인장의 지적인 미소와 손짓 하나하나에서도 프랑스의 분위기가 물씬 풍겨났다.

에 마미는 모든 것을 직접 만들어 파는 건강한 가정식을 추구하는데 살롱 드 떼 역시 마찬가지다. 이곳에서는 다른 홍차 전문점과 달리 에 마미만의 특별한 애프터눈 티 세트를 선보인

찻잔 하나, 케이크 하나, 찻잎 하나에서 우아함과 정성이 고스란히 느껴진다.

다. 상큼한 라즈베리가 입안에서 톡톡 터지는 듯한 라즈베리 아이스크림과 달콤한 캐러멜을 입안에서 살살 녹여 먹는 기분이 드는 캐러멜 아이스크림은 직접 만들어 뒷맛이 깔끔하고 보드랍다. 안쪽까지 촉촉하고 달콤해서 한 입 베어 문 순간 멈출 수가 없는 카스테라는 살롱 드 떼의 자랑거리다. 그리고 쫀득한 식감이 일품인 호두 브레드와 보라색의 고운 생크림 장식이 눈에 띄는 컵케이크까지. 여기에 프랑스 브랜드인 마리아쥬 프레르의 홍차를 곁들이면 그야말로 성대한 '마리아쥬mariage'를 이룬다.

홍차 전문점답게 홍차를 우리는 솜씨 역시 일품이다. 홍차는 우리는 사람에 따라, 시간이나 온도, 물에 따라 맛의 차이가 굉장히 뚜렷한데 홍차를 자주 마시는 나도, 홍차를 잘 마시지 않는 친구도, 입안 가득 퍼지는 향긋함에 감탄하며 티포트 하나를 금세 비웠다. 티푸드가 많이 남은 것을 보고 친절하게 리필도 해 주는 주인장의 미소가 오래도록 잊혀지지 않는다.

프랑스로 떠나고 싶을 때는 효자동의 살롱 드 떼를 찾으면 된다. 살롱 드 떼의 문을 열고 들어서는 순간 이곳은 프랑스의 한 찻집이나 다름없다. 바깥 세상과 완전히 단절된 이곳에는 차와 음악, 카스테라와 프랑스가 있다.

에 마미 살롱 드 떼

위치: 서울시 종로구 통의동 108 행림빌딩 1층
전화: 070.4115.7594
오픈: 12:00~22:00, 월요일 휴무
홈페이지: www.mamie.co.kr
추천 홍차: 촉촉한 카스테라가 포함된 에 마미
　　　　　만의 특별한 애프터눈 티

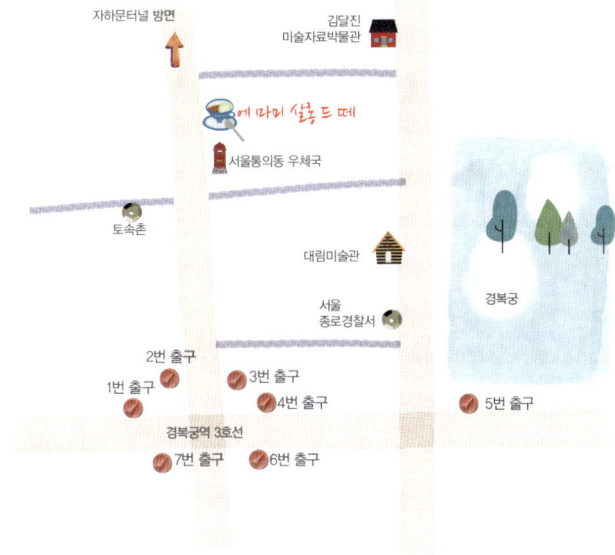

12

효자동

카페 스프링,
혼자 놀기에 좋은 공간

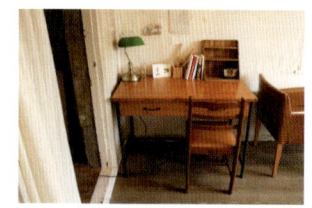

나중에 내 집을 마련하면 꼭 이렇게 꾸미고 싶다는 생각을 하게 되는 곳이 있다. 카페 구석구석 싱그러운 녹색 식물이 자리 잡고 있고 빈티지하면서도 깔끔한 테이블이나 소파, 조명, 작은 소품 하나하나에서 주인장의 센스가 그대로 묻어 난다. 테이블이나 의자 모두 제대로 짝이 맞는 게 없지만 자연스럽게 어우러진 공간이 참 멋스럽다. 손때가 묻은 듯한 허름한 가구에서 세월의 흔적과 따스함이 느껴진다. 카페 한쪽 구석을 차지한 벤치도, 녹색 식물이 자리한 양철통도, 심지어 물과 유리잔이 담긴 나무 트레이까지도 자꾸만 탐이 난다.

햇살이 눈부시게 들어오는 2층 창가의 테이블은 혼자 앉아서 책을 읽기에 좋은 장소다. 햇살이 가득 들어오지만 조명도 잘 갖춰져 있어 이곳의 밝은 분위기에 한몫을 한다. 벽에 회색 시멘트를 덕지덕지 바른 비밀 아지트 같은 작은 방도 잡지에 나오는 한 컷의 사진 같다.

문구류를 워낙 좋아하는 친구와 함께 찾아간 카페 스프링Cafe Spring은 'O-check공책'의 카페로 카페 겸 스토어로 이해하면 된다. 1층에서는 다양한 문구류를 구경하고 구입할 수 있는데, 줄지어 서 있는 심플하고 빈티지한 느낌의 다이어리, 수첩, 노트와 카페의 분위기가 잘 맞아 떨어진다.

이곳에서는 허니 자몽티와 홍차 빙수, 찻잎을 이용해 직접 끓여 내는 진한 밀크티 등 다양한 차와 커피를 포함해 신선한 주스와 요깃거리가 구비되어 있다. 큼지막한 자몽이 듬뿍 들어 있

혼자만의 여유가 필요한 날, 편안한 마음으로 들러서 기분 좋은 에너지를 얻어 갈 수 있는 카페 스프링

는 달콤쌉싸름한 허니 자몽티, 쫀득한 찹쌀떡과 달콤한 팥이 듬뿍 들어가 진한 홍차맛이 느껴지는 홍자 빙수는 이곳에서만 맛볼 수 있는 특별 메뉴다.

오후의 휴식이 필요할 때, 혼자만의 공간이 필요할 때, 친구와 편히 앉아서 수다 떨고 싶을 때, 언제 어느 때 찾아와도 좋을 듯하다. 비가 오는 날도 산들산들 봄바람이 부는 날도 카메라 들고 책 하나 옆구리에 끼고 줄레줄레 찾아오고 싶어진다. 이름부터 너무 예뻐 마치 봄비의 향이 묻어날 것만 같은 스프링 컴 레인 폴Spring come Rain fall, 카페 스프링. 주말에 남편과 함께 책 하나, 노트북 하나 들고 찾아와 머물어야겠다고 생각이 절로 드는 곳이다. 언제, 누구와 와도 머물기에 좋다.

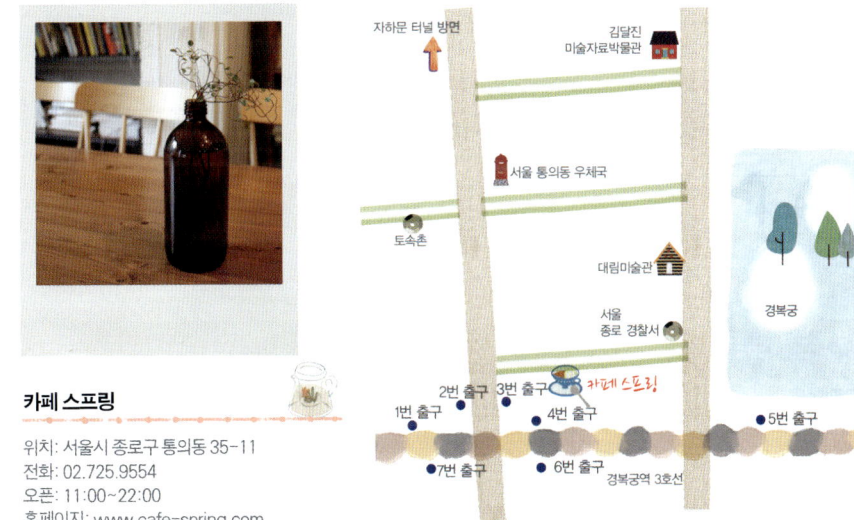

카페 스프링

위치: 서울시 종로구 통의동 35-11
전화: 02.725.9554
오픈: 11:00~22:00
홈페이지: www.cafe-spring.com
추천 홍차: 여름에는 홍차 빙수, 겨울에는 자몽
　　　　　허니티

#13

효자동 # 압셍트,
따뜻한 시간이 머무는 곳

흔히 효자동이라고 부르는 창성동, 통의동 거리에는 주택들 사이로 군데군데 예쁜 카페가 자리 잡고 있다. 입소문을 듣고, 혹은 그냥 지나가다 들르게 되는 이런 카페 중에 커피 칵테일과 아이스티, 컵케이크로 유명한 곳이 하나 있다. 아, 한 가지 더, 고양이로 잘 알려진 이곳은 바로 압셍트 Absinthe 다.

행인들이 지나다니지 않으면 유럽의 이름 모를 거리라고 착각할 정도로 조용한 이곳에 자리한 압셍트는 빨간 벽돌집들 사이에 건물 외관 전체가 진한 코발트색으로 칠해진 유럽형 카페다. 압셍트는 예전에 스페인에서 자주 가던 한적한 골목길의 작은 바, 혹은 비를 피하기 위해 아무 데나 뛰어 들어갔던 파리 거리의 어느 작은 카페를 닮았다. 그래서 시간의 흐름이 더욱 더디게 느껴지는 이곳은 젊고 예쁜 커플과 고양이 보꼬가 머무는 아지트다.

길쭉한 메뉴판조차도 유럽 분위기가 물씬 풍긴다. 생전 처음 들어보는 각종 에스프레소 칵테일을 포함해 문산포종, 정산소종, 백호은침 등 카페에서는 흔히 만나 볼 수 없는 차가 즐비하다. 그중 압셍트 아이스티는 멀리서도 직접 찾아올 정도로 인기 있는 메뉴다. 얼 그레이와 생강, 탱자로 만든 압셍트 아이스티는 어떤 말로도 표현하기 힘든 묘한 맛이다. 상큼하고 청량하면서도 보드카라도 한 방울 들어간 듯한 강렬함을 머금고 있다. 찬장을 가득 채

진정한 '수제'의 느낌을 느끼고 싶다면 압셍트로 오라.

운 로열 알버트Royal Albert 찻잔들을 보는 재미도 쏠쏠하다. 예쁘고 화려한 찻잔에 담겨 나오는 커피는 더욱 맛있게 느껴진다. 고급스리움이 묻어 나는 수동 커피 머신도 압생트의 매력을 한층 더해 준다. 진한 아메리카노, 혹은 알코올이 들어간 에스프레소 칵테일에 달콤한 컵케이크를 하나 곁들이면 부러울 사람이 없다.

창밖의 한적한 길가와 길게 드리워진 나무들을 바라보면 10년 전 유럽의 거리를 내 집처럼 돌아다니던 그때가 떠오른다. 커피도, 술도, 차도, 유럽의 거리에서 마시던 그 맛은 뭔가 달랐다. 압생트의 나무 테이블에 기대어 그때의 추억을 떠올려 본다. 압생트에서의 시간은, 정말 희한하게도 천천히 흐른다.

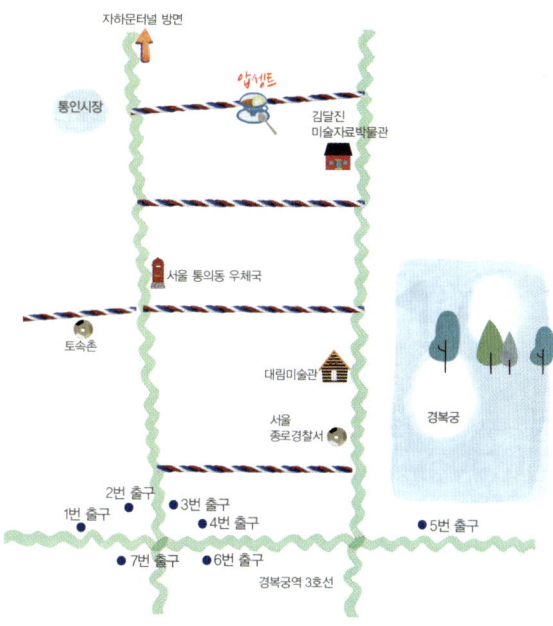

압생트

위치: 서울시 종로구 창성동 109-2번지 1층
전화: 02.725.8020
오픈: 11:00~22:00, 월요일 휴무
블로그: blog.naver.com/dearmrman
추천 홍차: 이곳을 다시 찾게 만드는 압생트 아
이스티. 평범한 걸 원한다면 비추, 특
별한 걸 원한다면 강추한다.

Tea Recipes 12

티 상그리아

상그리아는 레드 와인이나 화이트 와인을 이용해서 만드는 와인 칵테일이다.
화이트 와인 대신 청포도 주스와 홍차를 이용해서 만든 무알코올 티 상그리아를 만들어 보자.

준비하기 잉글리시 브렉퍼스트 혹은 아쌈 등의 진한 홍차 5g, 물 100ml,

청포도 주스 200ml, 포도 5~6알

만들기
1. 찻잎은 잉글리시 혹은 아이리시 브렉퍼스트나 아쌈 등의
   스트레이트 티로 준비한다.
2. 뜨거운 물에 찻잎을 4분 간 우린다.
3. 얼음을 가득 넣은 저그에 우려낸 차를 재빨리 부어 준다.
4. 청포도 주스를 넣고 잘 섞는다.
5. 포도알을 넣고 오렌지를 잘라 넣어 장식하면 완성된다.

Tea Recipes 13

초콜릿 차이 티

부드러운 우유와 달콤한 초콜릿, 향긋한 차가 어우러진 차이 티.
남녀노소 누구나 부담 없이 즐길 수 있다.

준비하기 찻잎 5g, 물 100ml, 우유 150ml, 핫초코 가루 1티스푼, 시나몬, 정향,

월계수잎 등의 향신료 한 줌

만들기

1. 밀크팬에 물을 넣고 끓인다. 끓어오르기 시작하면 찻잎과 향신료를 넣고 약한 불에서 2분 정도 더 끓인다.

2. 핫초코 가루를 넣고 잘 저어 준다.

3. 우유를 넣고 약한 불에서 끓이다가 가장자리에 기포가 올라오기 시작하면 불을 끈다.

4. 찻잎을 걸러 내고 머그컵에 따르면 완성된다.

다양한 차의 종류

녹차와 홍차는 같은 차나무에서 나온 찻잎으로 만든다.
단, 발효 정도나 제다 과정 등의 차이에 따라 녹차, 백차, 황차, 우롱차, 홍차, 흑차로 나누어 진다.
같은 차나무에서 나온 6종류의 차는 중국차를 나누는 기준이기도 하다.
같은 차나무에서 나온 차 외에 허브차, 루이보스차, 마테차 등에 대해서도 간단히 알아 보자.

같은 차나무에서 나온 6종류의 차

1. 녹차 Green Tea
불발효차, 전혀 발효시키지 않은 찻잎으로 만든 차로 딴 잎을 바로 가열시켜서 발효 및 산화를 억제시키는 살청 과정을 거친다. 항암 및 항산화 작용(노화 방지)에 좋다.

2. 백차 White Tea
대부분의 백차는 솜털이 난 어린 새순을 채취하여 건조시킨 후 살짝 발효시켜서 만든 것이다. 맛이 깔끔하고 다이어트 효과가 있으며 위장을 깨끗하게 해 준다.

3. 황차 Yellow Tea
역시 약발효차로 고온 증기를 이용해 찻잎이 황색으로 변하게 만드는 민황이라는 과정을 거친다. 백차의 부드러움과 녹차의 풋풋한 향, 우롱의 풍부한 향기와 홍차의 부드러운 수렴성을 모두 포함한다. 찻잎과 우려낸 수색이 모두 황색을 띤다.

4. 우롱차 청차
약 15~75%로 반발효시킨 차를 말한다. 녹차와 홍차의 중간이라고 말할 수 있는 우롱차는 발효도가 낮으면 녹차와 비슷하고 높으면 홍차와 비슷하다. 수색은 연한 편이지만 찻잎 색은 놀라울 정도로 진하며 잘 알려진 중국 우롱차에는 철관음, 봉황단총, 백호오룡 등이 있다. 우롱차 역시 지방 분해에 효과가 있어 비만 억제에 좋다고 한다.

5. 홍차 Black Tea
홍차는 발효차에 속한다. 홍차라고 불리는 건 우려낸 수색이 홍색이기 때문이며, 서양에서는 찻잎이 검다고 해서 'Black Tea'라고 부른다. 홍차에는 단백질, 무기질, 비타민이 풍부하며 카페인 덕분에 이뇨 작용, 신진대사에 도움이 되고 지방 분해에도 일조한다.

6. 흑차 보이차, puerh
흑차는 살청 과성늘 거져 발효를 억제한 후에 다시 발효 과정을 거치기 때문에 후발효차라고 한다. 말 그대로 만들어진 후에 계속해서 발효가 되기 때문에 오래될수록 좋은 차가 된다. 흑차가 곧 보이차는 아니지만 잘 알려진 보이차는 흑차의 한 종류다. 흙냄새가 강하고 깊고 진향 향을 풍기며 콜레스테롤을 낮춰 주고 장을 깨끗하게 해 준다.

기타 차의 종류

1. 허브차 herb tea
흔히 잘 알려진 라벤더, 로즈마리, 페퍼민트, 캐모마일, 레몬밤 등 허브의 잎이나 꽃 등을 말려 사용한다. 라벤더는 불면증에 좋고 로즈마리는 기억력과 불안감을 해소시켜 주며 페퍼민트는 소화와 감기에 좋다. 캐모마일은 피부에 좋은 효과가 있으며 레몬밤은 소화불량에 좋고 진정효과가 있다. 이처럼 각 허브별로 다양한 효능이 있지만 카페인은 전혀 없다.

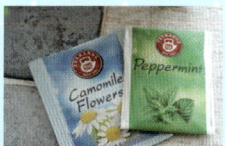

2. 루이보스차 rooibos tea
남아프리카 공화국에 자생하는 루이보스의 잎으로 만든 차다. 남아공에서는 커피나 홍차 대용으로 루이보스차를 즐겨 마시며 라떼나 밀크티, 아이스티로도 만들어 마신다. 카페인이 없으며 떫은 맛을 내는 탄닌도 낮지만 다른 차와 마찬가지로 항산화 작용에 좋다.

3. 마테차 mate tea
신의 차라고도 불리는 마테차는 아르헨티나에서 즐겨 마시는 차로 남미의 전통차다. 봄비야(bombilla)라고 불리는 빨대를 이용해 마신다. 면역력 강화, 노화 방지 및 소화 불량에 좋으며 다이어트에도 효과가 있다. 특히 녹차에 비해 카페인의 함량은 적지만 항산화 작용은 훨씬 크다.

4. 공예차
손으로 직접 모양을 내어 만드는 차다. 녹차 등의 찻잎에 주로 자스민 향을 첨가하며 뜨거운 물을 부으면 잎이 펴지면서 꽃이 피기 때문에 꽃차나 화차라고도 부른다. 보는 눈이 즐겁기 때문에 손님 접대용으로 좋다.

국내 홍차 구입처

홍차가 조금씩 인기를 끌면서 홍차를 판매하는 사이트도 많이 늘었다.
오프라인 숍이 많지 않은 상황에서 다양한 홍차를 구할 수 있는 사이트를 잘 활용해
내게 꼭 맞는 홍차를 구입해 보자.
다만 예뻐서 자꾸만 갖고 싶어질 수 있으니 충동구매를 조심하라.

대표 홍차 판매
사이트

1. 녹차의 미소, 홍차의 향기
www.teashopredandgreen.com
잎차와 티백 모두 나눠서 살 수 있고, 다양한
샘플러가 있어서 어떤 차부터 시작해야 할지 모
르는 초보자가 접하기 좋은 사이트다.

2. 앨리스 키친
www.alicekitchen.co.kr
다양한 홍차뿐만 아니라 아기자기하고 귀여운 다기 및 소품
을 판매하며 홍차나 허브차를 이용한 각종 레시피를 만나 볼
수 있다. 차이를 만들 때 쓰는 향신료도 구입할 수 있다.

3. 스윗 티타임
www.sweetteatime.co.kr
다양한 티백 샘플러를 만나 볼 수 있으며 예쁜 소품과 다구
에서 눈을 뗄 수가 없다.

4. 티이즈
www.teais.com
홍차뿐만 아니라 발효차, 백차, 루이보스차, 마테차, 커피 등
다양한 차를 구비하고 있다. 다른 사이트와 차별된 브랜드를
다루고 있다.

5. 카페뮤제오
www.caffemuseo.co.kr
갓 볶은 신선한 원두부터 각종 커피 기구 및 홍차를 다양하
게 다루고 있어 여러모로 유용하다. 종류가 다양하고 가격도
저렴하다.

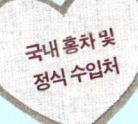
국내 홍차 및 정식 수입처

그린필드 www.greenfieldtea.co.kr
다질리언 www.darjeelian.com
동인도회사 www.cocobia.com
딜마 www.dilmahshop.co.kr
따라구이 www.yerba.co.kr
수프레모 www.supremokorea.co.kr
레볼루션티, 하니앤손스 www.cafe105.co.kr
로네펠트 www.ronnefeldt.co.kr
리쉬티 www.maystory.co.kr
립톤 www.lipton.co.kr
바리스 www.erins.co.kr
브리즈 www.brise.co.kr
사루비아 다방 www.salviatearoom.com
세렌디피티 www.shop.serendipitytc.com
셀레셜 시즈닝즈 www.celestialseasonings.co.kr
아름다운 홍차 www.beautifulcoffee.com
아마드, 헤로게이트, 베티나르디, 제임스 새들러
www.ahmadtea.co.kr
아레스 www.japantea.co.kr
아크바 www.decorea.co.kr
알트하우스 www.althaustea.co.kr
압끼빠산드 www.happyteashop.com
웨지우드, 위타드, 트와이닝, 잭슨, 파트리지
www.teanara.co.kr
카렐 차페크 www.karel-capek.com
타바론 www.tavalon.co.kr
티카네 www.sungyou.co.kr
티포르테 www.ioveshop.kr/front/php
픽윅 www.hrsshop.com
하니앤손스 www.harneynsons.com
헤븐리 www.icocojean.com
홍차원 www.blackteaworld.co.kr

세계 대표 홍차 브랜드

우리나라에는 아직 홍차가 대중화되지 않았지만 전 세계적으로 홍차에는 다양한 브랜드가 있다.
이미 우리나라에도 잘 알려진 브랜드에서 잘 몰랐던 브랜드까지 다양한 종류의 홍차가 생산, 판매되고 있다.
홍차를 처음 접하는 사람은 물론 홍차 마니아에게도 도움이 되는 세계 대표 홍차 브랜드를 소개한다.

영국 브랜드

1. 트와이닝스 Twinings

세계에서 가장 역사가 깊은 홍차 브랜드. 변함없고 깊은 맛과 향으로 꾸준히 사랑받고 있다. 홍차뿐만 아니라 녹차나 과일차 등도 많은 사랑을 받고 있으며 홍차에서는 얼 그레이, 레이디 그레이, 프린스 오브 웨일즈가, 과일차에서는 스트로베리 앤 망고를 추천한다.
www.twinings.com

2. 포트넘 앤 메이슨 Fortnum & Mason

300년의 전통을 자랑하는 영국의 대표적인 홍차 브랜드. 로열 블렌드나 아쌈, 얼 그레이 클래식 등 클래식 차에서는 단연 손꼽히는 브랜드다. 만날수록 그 깊이와 향에 매료되는 브랜드다.
www.fortnumandmason.com

3. 해로즈 Harrods

백화점으로도 유명한 해로즈는 150년의 전통으로 다양한 티를 선보이고 있다. 창립 150주년 기념티인 No.49번과 아쌈, 다즐링, 실론, 케냐를 블렌딩한 No.14번은 특히 유명하다.
www.harrods.com/harrodsstore

4. 위타드 오브 첼시 Whittard of Chelsea

홍차뿐만 아니라 커피나 핫초콜릿, 유기농 차 등 다양한 음료를 다루는 브랜드. 피치와 잉글리시 브렉퍼스트가 유명하며 여름철에는 특히 과일차로 큰 인기를 끌고 있다. 우리나라 인터넷 쇼핑몰에서 쉽게 만나 볼 수 있다.
www.whittard.co.uk

5. 테일러스 오브 해로게이트 Taylors of Harrogate
일단 마셔 보면 신사다운 품위가 느껴지는 브랜드. 구수한 감칠맛으로 유명한 요크셔 골드는 밀크티로 특히 인기가 좋다. 티피 아쌈이나 잉글리시 브렉퍼스트 같은 클래식 라인을 추천한다. 우리나라 인터넷 쇼핑몰에서 구입 가능하다.
www.bettysandtaylors.co.uk

6. 웨지우드 Wedgwood
도자기로 유명한 웨지우드에서는 와일드 스트로베리 시리즈나 귀여운 테디 베어 시리즈의 차로 인기를 끌고 있다. 파인 스트로베리나 위켄드 모닝을 추천한다. 우리나라 인터넷 쇼핑몰에서 쉽게 구입 가능하다.
www.wedgwood.com

7. 아마드 Ahmad
영국의 대중적인 브랜드. 저렴한 가격에 품질 좋은 차를 만나 볼 수 있다. 얼 그레이나 잉글리시 애프터눈 티, 레몬 앤 라임 및 다양한 허브차를 추천한다. 우리나라 인터넷 쇼핑몰에서 쉽게 만나 볼 수 있다.
www.ahmadtea.com

8. 립톤 Lipton
다양한 인스턴트 티로 잘 알려진 립톤은 1910년에 출시된 옐로 라벨 티백이 특히 유명하다. 홍차의 대중화에 크게 이바지한 브랜드다.
www.lipton.com

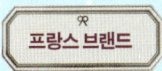

1. 마리아쥬 프레르 Mariage Freres
앙리와 에두아르 마리아쥬 형제가 만든 홍차 브랜드. 웨딩 임페리얼이나 마르코 폴로 같은 은은한 가향차들이 인기가 많다. 브렉퍼스트 시리즈인 프렌치, 아메리칸, 러시안, 상하이 브렉퍼스트도 반드시 맛봐야 할 차다. 홍차뿐만 아니라 녹차를 베이스로 한 다양한 차도 선보인다.
www.mariagefreres.com

2. 쿠스미 Kusmi
톡톡 튀는 포장과 깔끔한 맛이 일품인 쿠스미티는 식사삭형으로 오버로크 처리된 모슬린 티백이 특히 유명하다.
www.kusmitea.com/en/black-tea

3. 다만 프레르 Dammann Freres
요즘 우리나라 카페에서도 간간히 보이는 브랜드로 가볍고 깔끔한 맛이 일품이다. 세계 최초로 가향차를 개발했다는 다만 프레르는 긴 역사와 전통을 자랑한다. 자뎅 블루와 고트루스, 아쌈을 추천한다.
www.dammann.fr/english

4. 포숑 Fauchon
우리나라에는 차보다 베이커리가 먼저 들어와 있던 포숑은 애플티가 특히 유명하다. 우리나라 면세점에서도 만나 볼 수 있으며 프랑스의 아침, 파리의 저녁 등 서정적인 이름이 감성을 자극한다. 초콜릿 가향 홍차도 맛이 뛰어나다.
www.fauchon.com

5. 떼오도르 The O Dor
역사는 짧지만 차에 대한 열정 및 품질은 뒤지지 않는다는 떼오도르. 홍차, 녹차, 백차, 루이보스차, 우롱차 등 다양한 차를 베이스로 다루고 있다.
www.sweetea.com

6. 니나스 Ninas
다양한 가향차를 만들어 낸 브랜드로 700여 종이 넘는 가향차를 지닌다. 쥬뗌므나 에뛰 알 뒤 노르 등 특히 인기 있는 차들은 아름다운 이름과 환상적인 향이 매력적이다.
www.ninasparis.com

7. 자넷 Janat
두 마리의 고양이에서 모티브를 얻어 탄생한 브랜드. 딸기향이 더해진 프렌치 브렉퍼스트를 비롯해 귀엽고 깜찍한 느낌의 다양한 가향차를 보유하고 있다.
www.tea-janat.com

8. 마리나 드 부르봉 Marina de Bourbon
자넷과 마찬가지로 프랑스 홍차지만 일본에서만 운영되고 있는 브랜드. 프랑스의 느낌이 물씬 묻어 나는 이름과 향이 매력적이며 다양한 지역 한정 차가 인기다.
www.marina-de-bourbon.com

1. 실버팟 Silver Pot

홍차 마니아라면 한 번쯤 맛보았을 법한 실버팟은 놀라운 블렌딩과 사실적인 가향, 구매욕을 자극하는 이름으로 유명하다. 한정과 신상이 자주 출시되고 사라져 주시하지 않으면 금세 놓쳐 버리게 된다. 가향뿐만 아니라 매년 봄에 출시되는 다원 홍차도 일품이다. 일본 라쿠텐에서 한국으로 직접 배송을 해 준다. www.rakuten.ne.jp/gold/silverpot

2. 루피시아 Lupicia

일본 최대 규모의 차 전문 브랜드. 홍차뿐만 아니라 녹차나 우롱차 등을 광범위하게 다루고 있다. 귀엽고 아기자기한 틴 역시 인기 있다. www.lupicia.com/entry.html

3. 카렐 차펙 Karel Capek

동화 작가인 야마다 우타코가 만든 홍차 브랜드. 시즌에 따라 달라지는 홍차 틴의 일러스트는 구입욕을 자극한다. 홍차뿐만 아니라 아기자기한 다구 및 홍차 소품 등도 인기 있다. www.karelcapek.co.jp

3. 애프터눈 티 Afternoon Tea

차보다도 주방 용품이나 다구로 유명한 브랜드. www.afternoon-tea.net

4. 일동홍차

일본 마트에서 흔히 찾아볼 수 있는 대중적인 홍차 브랜드. 일동홍차의 인스턴트 로열 밀크티는 우리나라에서도 유명해 마트나 백화점에서 흔히 볼 수 있다. www.nittoh-tea.com

5. 베노아 Benoist

일본 영화 〈전차남〉에 등장한 이후 유명해진 홍차. 홍차뿐만 아니라 스콘과 잼 등으로도 잘 알려져 있다. www.benoist.co.jp

6. 로레이즈 Lawleys

장미꽃 문양이 대표적인 로레이즈는 여성스럽고 우아한 분위기가 물씬 풍기는 브랜드. 홍차뿐만 아니라 다구 및 홍차 소품 등이 인기가 있다. www.t-plan.co.jp

1. 하니 앤 손스 Harney & Sons

파스텔톤의 티백 시리즈와 타가롱 등으로 인기를 끌고 있는 하니 앤 손스는 부드럽고 깔끔한 맛이 일품이다. 언제나 부담없이 즐길 수 있는 맛과 향이 매력적이다. www.harney.com

2. 스태쉬 Stash

놀라울 정도로 다양한 가향 라인을 구비하고 있는 브랜드. 홍차와 허브차의 티백 종류가 굉장히 다양하다. www.stashtea.com

3. 비글로우 Bigelow

부드럽고 은은한 맛이 매력인 비글로우는 홍차와 허브차 라인이 모두 탄탄하다. 클래식 홍차는 깊고 진한 맛이 있으며 가향차는 향이 과하지 않아 처음 접하는 사람에게 좋다. 귀여운 패키지도 인기 만점이다. www.bigelowtea.com

4. 타조 티 Tazo Tea

스타벅스에서 만나 볼 수 있는 타조티는 티백 색상부터 맛까지 깔끔하게 뚝 떨어진다. 타조의 차이 티는 그 맛이 일품이어서 한 번 맛보면 잊을 수 없다. www.tazo.com

5. 셀레셜 시즈닝즈 Celestial Seasonings

허브차의 새로운 발견. 환경을 생각하는 셀레셜 시즈닝즈는 다양한 블렌딩의 허브차와 홍차, 과일차가 인기 있다. 아기자기하고 멋스러운 일러스트도 눈을 뗄 수 없는 볼거리다. 곰 그림이 인상적인 슬리피타임을 추천한다. www.celestialseasonings.com

6. 업튼 티 Upton Tea

다즐링을 시즌별로 만나 볼 수 있다. 홍차뿐만 아니라 녹차, 보이차, 우롱차 등 다양하고 광범위한 차를 보유하고 있다. www.uptontea.com

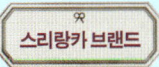

스리랑카 브랜드

1. 아크바 Akbar
스리랑카 최대의 수출업체로 전 세계적으로 품질을 인정받고 있는 브랜드. 우리나라에서도 저렴한 가격과 좋은 품질로 잘 알려져 있다. 제대로 된 실론 차를 맛보고 싶다면 꼭 구입해 보라.
www.akbar.com

2. 믈레즈나 Mlesna
달콤한 꽃향기가 일품인 아이스와인 티로 특히 유명한 브랜드. 다양한 가향 라인을 선보이고 있다.
www.mlesnateas.com

3. 딜마 Dilmah
부드럽고 은은한 맛과 향으로 인기를 끌고 있는 스리랑카의 대표적인 브랜드. 처음 차를 마시는 사람에게 딜마의 클래식 차들을 자주 권한다. 와테 시리즈와 파인애플, 바나나 등 과일 가향 홍차가 인기다.
www.dilmahtea.com

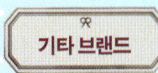

기타 브랜드

1. 로네펠트 Ronnefeldt
독일의 대표적인 브랜드로 품질이 무척 뛰어나다. 클래식 티뿐만 아니라 아이리시 몰트와 같은 가향차와 레몬스카이, 레드 베리즈 등의 과일차도 인기가 좋다. 어떤 차를 골라 마셔도 후회없는 브랜드다.
www.ronnefeldt.de

2. 티센터 오브 스톡홀름
스웨덴의 브랜드. 실수로 탄생했다는 스톡홀름 블렌드 (soderblanding)는 화려한 블렌딩과 향으로 큰 인기를 끌고 있다.
www.teacentre.se

3. 바리스 Barry's
아일랜드 브랜드. 골드 블렌드와 아이리시 브렉퍼스트는 스트레이트나 밀크티로도 최고다.
www.barrystea.ie

우리나라 브랜드

1. 오설록 Osulloc
국내 차의 발전에 일조한 태평양이 만든 오설록. 국내에서 만들어진 차에 전통적으로 다양한 제조법과 발효법을 더해 우리 차를 알리는 데 일조하고 있다.
www.osulloc.co.kr

2. 아레스티 Ares Tea
최고급 품질의 찻잎을 이용해 국내에서 직접 판매하는 순수 우리 브랜드. 동화적인 분위기의 홍차 틴은 동심을 자극한다. 기문과 운남, 우바와 누와라엘리야 등 흔히 접할 수 없는 홍차를 포함해 허브차, 녹차, 보이차를 판매하고 있다.
www.japantea.co.kr

3. 다질리언 Darjeelian
얼 그레이 크림, 모카 마주르카 등의 매력적인 가향차뿐만 아니라 다양한 다원의 차를 만나 볼 수 있다.
darjeelian.com

4. 사루비아 다방
품질 좋은 차만 엄선해서 가져오는 사루비아 다방의 차는 이름만큼 맛도 곱다. 홍차뿐만 아니라 백차나 우롱차 같은 중국차와 우리나라의 차를 다양하게 만나 볼 수 있다.
www.salviatearoom.com

5. 브리즈 Brise
홍차뿐만 아니라 녹차와 허브차를 다양하게 블렌딩하여 판매하고 있다. 간편하게 우유에 타서 음용할 수 있는 파우더 티인 호지믹스가 인기 있다. 산뜻한 레드의 북틴도 인기 상품이다.
www.brise.co.kr

6
여섯 번째 홍차,

특별한 티타임을 즐기다

싱그러운 봄, 사랑스러운 아이와 함께하는 시간,

특별한 크리스마스…….

언제 어느 때나 홍차는 따뜻함으로 공간과 공간,

사람과 사람 사이를 채운다.

분위기에 따라 전혀 다른 느낌을 주는

특별한 티타임 테이블을 만들어 보자.

01

메리 크리스마스
티타임 테이블

빨간색과 녹색의 조화, 트리와 반짝이는 불빛, 맛있는 음식과 가족의 따스함……. 한겨울을 따스하게 빛내 주는 크리스마스는 모두가 기다리는 겨울 축제다. 레드 테이블보와 티매트에 직접 만든 풍성한 리스와 아기자기한 크리스마스 소품들을 늘어 놓는 것만으로도 크리스마스 분위기가 물씬 풍긴다. 테이블에 작은 티라이트를 몇 개 켜 두면 분위기가 한층 살아난다. 작은 2단 접시에는 티푸드 대신 크리스마스 목각인형으로 장식해 보자. 독일에서 크리스마스 때 먹는다는 슈가파우더가 듬뿍 묻어 있는 슈톨렌도 빠질 수 없다.

정통 크리스마스 티를 맛보려면 시나몬을 포함한 향신료가 들어간 테일러스 오브 헤로게이트Taylors of Harrogate의 스파이스드 크리스마스 티Spiced Christmas Tea를 추천한다. 마리아쥬 프레르Mariage Freres의 노엘Noel은 오렌지와 바닐라, 스파이스가 만나 화려하고 도도한 크리스마스 파티 분위기를 느끼게 해 준다. 은색 별사탕과 아라잔이 들어간 루피시아Lupicia의 화이트 크리스마스White Christmas와 딸기향이 폴폴 풍기는 캐롤Carol, 요거트향이 매혹적인 징글벨Jingle Bell은 귀엽고 사랑스러운 크리스마스 티다. 달콤한 쿠키향이 일품인 셀레셜 시즈닝즈Celestial Seasonings의 슈가 쿠키 슬레이 라이드Sugar Cookie Sleigh Ride도 빠질 수 없다.

02

특별한 날을 위한
화이트 티타임 테이블

결혼기념일, 성인식, 생일, 신년……. 특별한 날을 위한 특별한 티타임에는 화이트를 활용해
보자. 화이트 테이블보에 화이트 티포트, 그리고 화이트 찻잔과 그릇. 화이트 티타임 테이블
에서는 그날의 콘셉트에 맞게 한 가지 컬러로 포인트를 주어 밋밋함과 지루함을 덜어 준다.

흰색의 슈거볼에는 색색깔의 앙증맞은 하트 각설탕을 담아내고 꽃다발과 티푸드는 핑크 톤
으로 준비해 보자. 핑크색의 나비 장식으로 포인트를 더해 주면 한결 사랑스럽고 아기자기한
분위기가 연출된다. 분위기를 띄우려면 테이블 양옆에 촛대를 준비해 파티 느낌을 살려 준
다. 결혼기념일이나 기념일에는 하니 앤 손스Harney & Sons의 웨딩 티Wedding를 준비해 본다.
은색의 틴이 테이블의 분위기와 잘 어울린다.

성숙함이 묻어나면서도 귀여운 느낌을 주는 니나스Nina's의 쥬뗌므Je T'aime는 성인식에
추천하며 은은한 첫물차 다즐링에 시트러스, 꿀과 진저브레드가 가미된 마리아쥬 프레르
Mariage Freres의 버스데이 티Birthday Tea는 생일을 위한 차로 완벽하다. 백차에 코코넛 오일
과 장미잎이 더해진 타바론Tavalon 트로피칼 피오니Tropical Peony의 은은한 부드러움은 화이
트 티타임을 위한 차다.

03

연인과 즐기는
로맨틱 티타임 테이블

각종 기념일, 혹은 연인과 보내는 둘만의 로맨틱한 시간을 위한 티타임 테이블 세팅에는 화사한 핑크 톤을 활용해 보자. 단색의 핑크색 테이블보를 깔고 화려한 장미꽃 리스로 장식하면 그것만으로도 한층 로맨틱한 분위기를 연출할 수 있다.

장미꽃잎을 테이블에 늘어뜨린 후 티라이트를 몇 개 얹어 촛불로 분위기를 살리는 것도 한 방법이다. 핑크 톤의 찻잔과 티캐디, 티백 등도 좋은 소품이 될 수 있다. 연인과 찍은 사진을 분위기 있는 액자에 담아 장식하면 더욱 뜻깊은 테이블 세팅이 된다. 흑칠판에 연인의 이름이나 전하고 싶은 메시지를 귀엽게 담는 것도 색다르다. 개인적으로 핑크 톤의 테이블 세팅을 좋아해서 분위기나 소품을 조금씩 바꿔 가며 자주 사용하는데 화사하고 사랑스러운 핑크색의 테이블 세팅은 대부분의 티타임에 잘 어울린다.

04

가족들과 함께하는
그린 컨트리 티타임 테이블

가족들과 편안한 분위기에서 즐길 수 있는 그린 톤의 컨트리 티타임 테이블. 따스한 분위기를 내 주는 리넨 테이블보를 깔고 역시 비슷한 톤의 리넨 매트와 녹색의 티코스터를 준비한다. 싱그러운 녹색 화분으로 분위기를 한결 부드럽게 만들어 주고 컨트리 분위기를 물씬 풍기는 아기자기한 소품들을 놓아 준다. 초록색의 나뭇잎이 그려진 티백은 그린 티타임 테이블에서 빠질 수 없는 소품 중 하나다.

때론 분위기에 어울리는 그림이 그려진 티백들을 늘어놓는 것만으로도 예쁜 테이블이 완성된다. 지루하지 않게 찻잔은 블루 톤으로 맞춰 주어 싱그러움과 편안함을 한결 더해 준다. 갓구운 따뜻한 스콘과 체크무늬가 사랑스러운 본마망 Bonne Maman 잼은 완벽한 한 쌍을 이룬다. 티타임을 한결 즐겁게 해 줄 빈티지 라디오도 잊지 말자. 흥겨운 음악과 편안한 분위기 속에 즐기는 가족과의 티타임은 따스함과 정겨움이 묻어 난다.

05
봄에 어울리는
옐로 티타임 테이블

밝고 화사한 느낌이 물씬 풍기는 노란색의 티타임 테이블은 파릇파릇한 봄의 느낌과 잘 어울린다. 개나리처럼 앙증맞고 밝은 노란색의 꽃다발을 하나 준비하는 것만으로도 분위기가 확 달라진다. 찻잔은 의외로 노란색을 찾아보기 힘들다. 노리다케의 젠플라워는 옐로 티타임 테이블에 빠질 수 없는 아이템이다. 소품들도 노란색으로 준비하고 투명해서 맑은 느낌이 도는 유리 티포트에 노란색 티코스터를 깔아 주는 세심함을 더해 주자.

노란색 계통의 티백과 노란색 틴도 빠질 수 없다. 꽃들이 만개한 봄날에 찍은 가족 사진도 한 장 살포시 얹어 주면 나만의 티타임 테이블이 완성된다. 홍차도 좋지만 노란색 티백과 어울리는 카모마일을 한 잔 하는 건 어떨지. 노란색의 귀여운 개나리가 떠오르는 옐로 티타임 테이블은 꽃이 만개한 봄날의 향기가 느껴져 두근거리기까지 한다. 기분전환이 필요할 때 눈부신 햇살 아래 옐로 티타임을 즐겨 보라. 이보다 더 좋을 수는 없다.

06

여름에 어울리는
블루 티타임 테이블

홍차를 마신다고 해서 테이블이 무조건 우아해야 한다는 법은 없다. 시원한 여름 분위기가 물씬 풍기는 파란색의 테이블세팅을 해 보자. 보기만 해도 시원스러운 파란색의 패브릭은 필수. 휴가지의 바다를 연상시키는 요트와 불가사리 등의 아기자기한 소품을 늘어놓아 보자. 뜨거운 차를 마신다고 해도 시원한 파도소리가 들리는 듯하다.

블루 테이블세팅과 어울리는 파란색 소품들은 모조리 집합. 비둘기 그림이 그려진 파란색 티백, 파란색의 티캐디와 상큼한 블루베리가 톡톡 터질 것 같은 티백 패키지는 시원함을 더해 준다. 여기에 살짝 우아함을 더해 주기 위해 노리다케 오랑주리를 꺼내 본다. 역시 파란색이다. 아기자기한 꽃무늬가 귀여운 노리다케의 오랑주리는 파란색이라는 이유만으로 더위를 몰아내 준다. 뜨거운 차가 아니라 아이스티도 좋다. 찻잔에 얼음 몇 개를 넣고 뜨겁게 우려낸 차를 부어 주면 즉석에서 시원한 차가 완성된다.

07

가을에 어울리는
초콜릿색 티타임 테이블

가을은 분위기의 계절이다. 한층 묵직한 톤의 초콜릿색으로 테이블을 꾸며 보자. 초콜릿색
체크무늬 패브릭 위에 초콜릿색 티백들을 올려놓는다. 따뜻한 색감에 빈티지한 스탬프 상자
와 노트를 한 권 얹어 감성적인 분위기를 자아낸다. 우아한 꽃무늬가 매력적인 웨지우드의
해서웨이는 가을에 즐겨 찾는 찻잔이다. 사람이 계절을 타듯이 찻잔도 계절을 탄다. 이상하
게 가을에 끌리는 찻잔이 있는가 하면 가을 내내 한 번도 꺼내지 않게 되는 찻잔도 있다.

체크무늬 리본이 앙증맞은 초콜릿 봉지와 어느 티타임에나 잘 어울리는 우드 스푼으로 허전
한 공간을 채워 준다. 몸과 마음까지 따스하게 데워 주는 달콤한 초콜릿 보이차와 초콜릿 우
롱차를 추천한다. 따스함과 달콤함이 물씬 묻어나는 초콜릿색 티타임테이블. 이런 테이블에
서의 차 한잔이라면 이유를 알 수 없는 가을의 허전함은 어느새 사그라든다.

#08

겨울에 어울리는
따스한 빈티지 티타임 테이블

난 '빈티지'란 말을 참 좋아한다. 그 단어에서 묻어나는 따스한 느낌이 좋다. 겨울이 되면 감촉부터 색감까지 따뜻한 패브릭을 한 장 펼치고 빈티지와 어울리는 온갖 소품들을 꺼내 늘어놓는다. 이웃님이 직접 만들어 보내준 겨울용 티코스터, 화이트가 아닌 브라운 슈거, 감성을 자극하는 사진과 스티커, 안에 무엇이 들어 있을지 궁금해지는 우드체스트, 겨울의 티타임에 함께할 일본 서적 한 권, 펠트로 만들어 따뜻함이 느껴지는 필통과 생각나는 건 뭐든 끄적이기 위한 재생지로 만든 연필 한 자루. 그리고 김이 모락모락 피어오르는 샛노란 군고구마와 언제 어디서든 깜찍함을 자랑하는 내 친구 아기 사슴 밤비. 덜튼 미니 수레에 담긴 와인 코르크 몇 개까지. 큼지막한 감색과 와인색의 체크무늬 테이블보는 겨울 티타임의 단골 손님이다. 이런 티타임 테이블에는 우아한 찻잔보다 역시나 빈티지스러운 머그컵에 그득히 담긴 밀크티가 제격이다. 한겨울의 티타임 테이블에는 따스함과 멋스러움이 가득하다.

09

베이비 샤워를 위한
사랑스러운 핑크 티타임 테이블

marché marché

출산을 앞둔 친구를 위해 사랑스러운 티타임 테이블을 준비해 보는 건 어떨까. 딸이라면 핑크, 아들이라면 블루, 무난한 게 싫다면 옐로나 그린으로. 색상이 정해진 티타임은 테이블을 꾸미기가 쉽다. 핑크색의 패브릭을 깔고 핑크색 찻잔과 소품을 준비하면 끝이다. 예쁜 'BABY' 워드블록과 친구에게 선물로 줄 아기 신발, 턱받침 등의 아기 용품을 준비해 베이비샤워 분위기를 연출한다. 태어날 아기를 환영해 줄 귀여운 카드도 필수다. 친구들끼리 아기에게 전해 주고 싶은 메시지를 적어 주는 센스를 발휘해 보자. 이런 날은 아기자기한 일러스트가 그려진 카렐 홍차를 준비해 깜찍함을 즐겨 본다. 카렐의 바나나 트로피컬Banana Tropical, 캐러멜 티와 같은 재미있는 홍차와 임산부를 위해 카페인이 들어 있지 않은 루이보스차나 허브차도 잊지 말자.

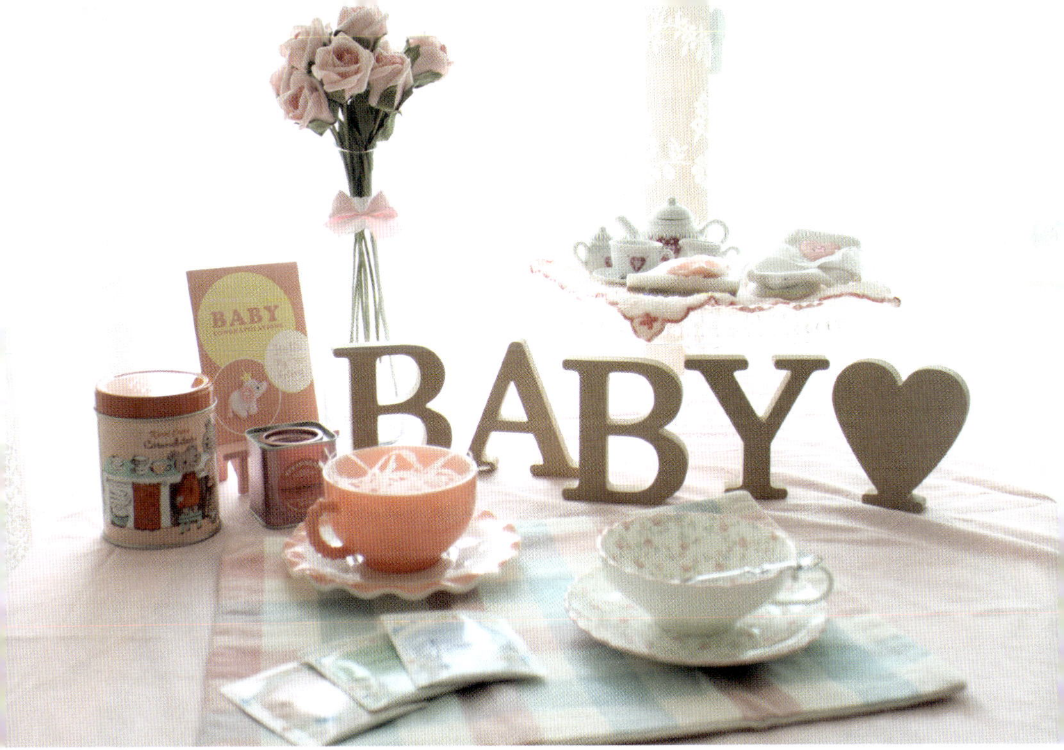

BABY♥

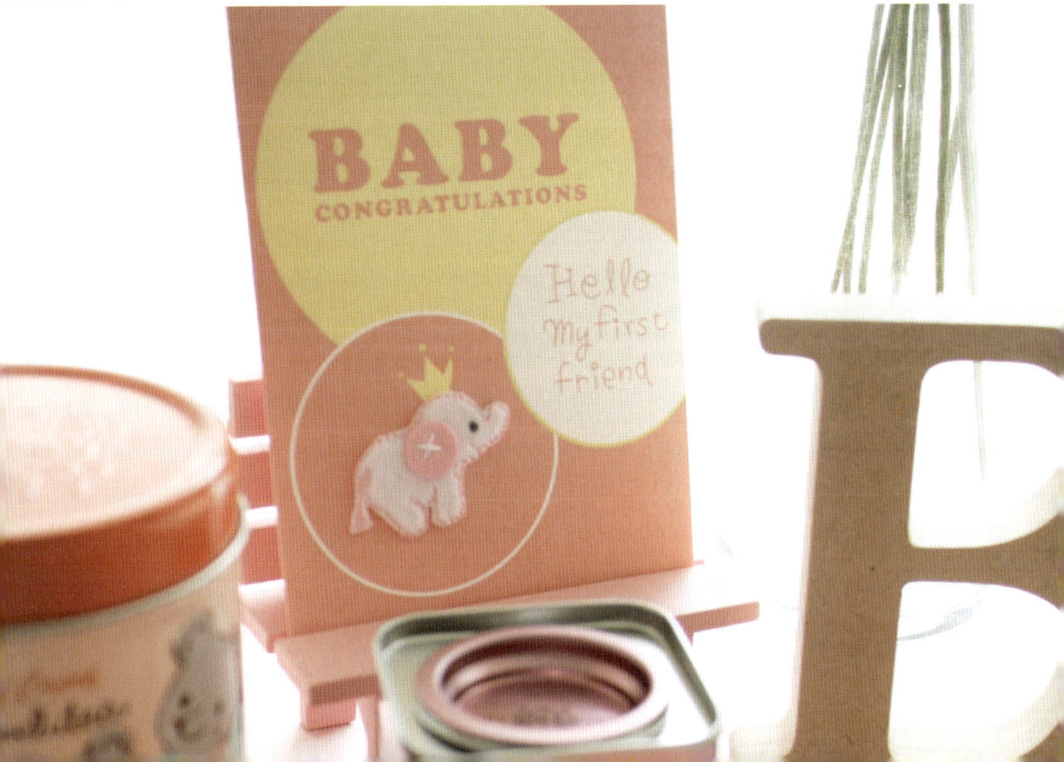

BABY
CONGRATULATIONS

Hello
my first
friend

B

10
친구와 즐기는 가볍고 편안한
컨트리 티타임 테이블

친구와 가볍게 즐기는 티타임에는 컨트리 소품과 우드로 된 소품을 활용해 보자. 원목 트레이에 꽃그림이 시원시원한 티포트와 찻잔을 준비한다. 어릴 적 할머니 주방에서 봤을 법한 빈티지 시리즈 같은 찻잔은 컨트리 티타임 테이블에 잘 어울린다. 함께 수다를 떨며 읽을 수 있는 잡지와 싱그러운 분위기를 한껏 느끼게 해 줄 연둣빛 화분도 필수품이다. 작은 트레이나 바구니에는 티타임에 곁들여 줄 티푸드를 가득 담아낸다.

카페 스타일로 트레이 옆에 아기자기한 소품을 담아 친구에게 즐거움을 선사해 주는 것도 좋은 아이디어다. 집에 있는 다양한 소품을 활용하는 것이 포인트다. 창가에 세워 둔 에펠탑 주물과 바느질감이 들어 있는 바구니는 보는 눈을 즐겁게 해 줄 뿐만 아니라 다양한 이야깃거리를 제공해 준다.

11

아이를 위한
귀여운 티타임 테이블

아이들을 위한 티타임을 위해서는 아이의 눈높이에 맞추는 게 중요하다. 먼저 귀엽고 아기자기한 테이블보를 깔아 주고 다구나 티푸드, 소품들도 아이들이 좋아할 만한 것으로 준비한다. 일반 제과점에서 구입할 수 있는 곰돌이 모양 빵과 귀여운 동물모양의 쿠키, 앙증맞은 모양의 컵케이크는 아이들의 입과 눈을 동시에 만족시켜 준다. 특별히 파티가 아니라 집에서 아이들을 위해 간단한 티타임을 가질 때도 귀여운 인형이나 아이들이 좋아하는 토마스, 밤비 등의 미니어처들을 올려놓는 것만으로도 즐거운 시간을 만들어 줄 수 있다. 동글동글한 롤샌드위치에는 동물 모양의 깜찍한 픽을 꽂아 분위기를 살려 주고 동화 속에 온 듯한 기분이 드는 카렐의 틴이나 케이크, 곰돌이 모양 촛불 등으로 귀여움을 더해 준다. 차는 카페인이 들어 있지 않은 허브차나 루이보스차를 추천한다. 아마드의 레몬 앤 페퍼민트는 부드럽고 강하지 않아 아이들이 좋아하며 로네펠트의 핫초콜릿 루이보스는 달콤하고 진한 향을 지녀 밀크티로도 좋다.

12

유리 다구를 활용한
투명한 티타임 테이블

예쁜 그림이 그려진 도자기 찻잔도 좋지만, 문득 찻색을 그대로 느낄 수 있는 유리 찻잔이 생각나는 날이 있다. 투명한 유리 찻잔과 유리 티포트에 담긴 차의 수색을 시간 가는 줄 모르고 바라보는 날도 있다. 같은 홍차라도, 같은 녹차라도, 또 같은 우롱차라도 차마다 각각의 수색이 달라 각양각색의 찻색을 즐기는 재미 또한 쏠쏠하다. 깔끔한 흰색 타일 테이블 위에 유리병에 담긴 수생식물로 투명함을 더해 보자. 투명한 유리가 지겹다면 살짝 색이 입혀진 유리병도 좋다. 알록달록한 색연필이 담긴 유리병도 자칫 지루할 수 있는 테이블에 재미를 더해 준다. 테이블의 분위기와 잘 어울리는 사진이나 스티커, 엽서는 테이블 위에 늘어놓는 것만으로도 훌륭한 소품이 된다. 투명함이 잘 어울리는 유리병 사진은 분위기를 한층 살려 준다.

오늘도 나는 홍차의 마법에 빠져든다.

오후 4시,
홍차에 빠지다